# STUDIO BASICS

## DIE BESTEN TIPPS UND TRICKS ZU EINRICHTUNG, AUFBAU UND ARBEIT MIT DEM STUDIO-EQUIPMENT

THOMAS SANDMANN

Verlag, Herausgeber und Autor machen darauf aufmerksam, dass die im vorliegenden Buch genannten Namen, Marken und Produktbezeichnungen in der Regel namens- und markenrechtlichem Schutz unterliegen. Trotz größter Sorgfalt bei der Veröffentlichung können Fehler im Text nicht ausgeschlossen werden. Verlag, Herausgeber und Autor übernehmen deshalb für fehlerhafte Angaben und deren Folgen keine Haftung. Sie sind dennoch dankbar für Verbesserungsvorschläge und Korrekturen.


1. Auflage 2016
PPVMEDIEN GmbH, Postfach 57, 85230 Bergkirchen (www.ppvmedien.de)

ISBN 978-3-95512-111-2

Druck: KESSLER Druck + Medien GmbH & Co. KG

# Inhalt

# Vorwort

Als ich im Jahr 1981 meine erste Schallplatte in den Händen hielt, die bis auf den Vorgang der mechanischen Vervielfältigung vollständig in meinem eigenen Studio produziert wurde, hatte ich schon viele Jahre mit unzähligen Nachtschichten in anderen Studios und in meinem eigenen entstehenden gearbeitet. Fast unerschwinglich schienen die Investitionen für einen jungen Musiker und angehenden Produzenten, um ein eigenes Profi-Studio aufzubauen.

Die Arbeitsweise im Studio war ebenfalls gänzlich anders. Mehrspuraufnahmen entstanden auf breiten Magnetbändern, und mit dem Wissen und der Erfahrung, solche Maschinen zu warten und einzumessen, begann ich parallel zur Studioarbeit Lehrgänge und Workshops abzuhalten. Auch der Weg zu meinem ersten Beitrag in einer Fachzeitschrift war nicht mehr weit.

Verspielte sich der Keyboarder gegen Ende des Songs bei der Aufnahme eines Synthie-Basses mit dem legendären Minimoog, war es nicht selten der einfachste Weg, die gesamte Bass-Spur vom Anfang des Songs an neu einzuspielen. Die Entwicklung der MIDI-Schnittstelle in den folgenden Jahren war eine Art Revolution, erste Vorstellungen leistungsfähiger Computer-Sequencer beispielsweise in der Bochumer Zeche sind den damaligen Teilnehmern noch heute als Kult-Events präsent.

Der Aufbau eines Studios und die Arbeitsweise bei einer Produktion haben sich im Wandel der Zeit extrem verändert. Die wichtigste Änderung dabei ist sicher die Tatsache, dass sich heute jeder von Beginn an Equipment leisten kann, mit dem professionelle Produktionen möglich sind. Parallel trat das Wissen um einen großen Teil des Maschinenparks der alten Studios in den Hintergrund, ersetzt durch die Erkenntnis, dass man heute fast alles im Computer machen kann. Allerdings ist die Kunde, dass die heutigen Grenzen eines Studios nicht mehr in seiner Technik sitzen, sondern auf dem Stuhl davor, nicht für jeden bequem. Entsprechenden Unglauben löst daher bisweilen die Aussage aus, dass man mehr als einen Rechner mit Audio-Interface und aktueller Audiosequencer-Software im Prinzip nicht mehr braucht. Zugegeben, ein wenig mehr braucht man dann schon, und hier holt den modernen Studiobetreiber dann doch die klassische Tontechnik wieder ein: Bei Mikrofonen und Lautsprechern hat sich nämlich am Prinzip und an der Physik im Laufe der Jahre nichts geändert, lediglich die Technik wurde weiter entwickelt.

Der Anstoß zu diesem Buch liegt weit mehr als 15 Jahre zurück. „Schreib' doch mal ein Buch, in dem alles zum Thema Studio steht“, hörte ich oft von Fans, Workshop-Besuchern oder Lesern meiner Studiotechnik-Serien, die ich als Gastautor in Fachzeitschriften schrieb. Nach meinem Workshop vor größerem Publikum in der Berliner Kulturbrauerei im Jahr 2003, in dem ich live zeigte, wie man im Studio mit Sängern arbeitet und die Spuren dann bearbeitet und abmischt, erreichten mich unzählige Emails mit dem Wunsch nach einem möglichst umfassenden, aber für Einsteiger geeigneten Buch. Der Verlag PPVMEDIEN fragte dann im Jahr 2008 erstmalig danach, und nach meiner Serie „Studiowissen“ in der Fachzeitschrift KEYS war es dann beschlossene Sache: Dieses Buch wurde Realität.

Einerseits ist es nahe liegend, mit dem Wissen aus den verschiedenen Epochen der Studiotechnik ein Buch über das Grundlegende im heutigen Studio zu schreiben, in dem die neuen Erkenntnisse und Arbeitsweisen mit altem Wissen und langjährigen Erfahrungen kombiniert werden. Andererseits ist es aber nicht möglich, ein Buch zu schreiben, in dem wirklich alles steht. Auch gibt es schon schier unzählige Bücher, sodass es nicht trivial ist, noch einen wirklich neuen Akzent zu setzen.

Eben diese unzähligen Bücher – viele äußerst empfehlenswerte sind bei PPV MEDIEN erschienen – waren dann aber genau der Auslöser für mich, diese Herausforderung anzunehmen. Ein Buch „Studio Basics“ kann und soll nicht zu spezialisiert an einzelne Problemstellungen herangehen, sondern zunächst den Überblick verschaffen. Interessiert sich der Leser dann für ein Themengebiet genauer, gibt es dafür ein anderes Buch. Bestes Beispiel ist mein eigenes Buch „Dynamics und Effekte“.

Durch Nutzung der gesamten Bandbreite der Bibliothek von PPVMEDIEN und einer Beschreibung der verbindenden Grundlagen in diesem Buch „Studio Basics“, die meines Wissens tatsächlich in dieser Form anderweitig noch nicht niedergeschrieben wurden, ergibt sich letztlich ein Werk, in dem theoretisch alles stehen kann – verbunden durch über 200 Seiten „Studio Basics“, die gewissermaßen als roter Faden verstanden werden dürfen.

Ich wünsche Ihnen viel Spaß beim Lesen, viel Erfolg beim Aufbau Ihres Studios und gutes Gelingen bei der Arbeit an Ihren ersten Produktionen.

Herzlichst, Ihr

***Thomas Sandmann***

# Einleitung

Vom leeren Raum zum professionellen Studio soll Sie dieses Buch führen – und zwar in Theorie und Praxis. Dabei setzen wir einmal voraus, dass Ihr Wunsch nach einem eigenen Studio daher rührt, dass Sie bereits Musik machen und den Ablauf, wie Musik aufgenommen wird, zumindest grob kennen. Ideale Voraussetzung wäre freilich, dass Sie über Mikrofone, Mischpulte, Dynamics und Effekte bereits umfassend Bescheid wissen. Mit realen und virtuellen Instrumenten können Sie umgehen, allen akustischen Instrumenten und insbesondere einem Sänger wissen Sie das richtige Mikrofon entgegen zu setzen, und die Tiefen eines Samplers und der MIDI-Implementation schrecken Sie nicht mehr ab. Sie denken, das sei zu schön, um wahr zu sein? Seien Sie beruhigt: Alle Grundlagen, die für den Aufbau des Studios oder die Arbeit darin wichtig sind, werden in diesem Buch erwähnt. Und zu allem, was darüber hinaus geht, finden Sie Hinweise auf weiterführende Literatur, die eventuelle Wissenslücken umfassend schließt.

## Von Synthesizern und Cocktails

Während in der Lernphase eines Studio-Technikers und eben auch beim Aufbau des eigenen Studios zunächst die Technik im Vordergrund stehen muss, ist dies bei der späteren Arbeit darin ganz und gar nicht der Fall. Sie kennen das aus eigener Erfahrung, wenn ein Kollege Ihnen seinen neuesten kreativen Erguss vorspielt und mit den Worten einleitet: „Das ist der ultimative Trance-Song, weil ich die Synthie-Hookline mit der Monster-Resonanzfunktion des neuen Brutal-Analogsynths gemacht habe!“ Warum aber will dann dieses Gedudel bei Ihnen und auch fast allen anderen Testhörern nicht so recht das Trommelfell rocken, wenn es doch der ultimative Trance-Song ist? Ganz einfach: Weil der Einsatz der Technik sowie ihre Beherrschung zwar wichtig ist, aber eher als notwendige Voraussetzung denn als inhaltlicher Mittelpunkt anzusehen ist. Für die Wirkung beim späteren Konsumenten stellt sich nicht die Frage, welcher Synthesizer oder gar welche Funktion hier zum Einsatz kam. Die tatsächliche Frage lautet: „Wie wirkt dieser Song nach dem dritten Caipi an der Bar?“ Wir degradieren die Technik dennoch nicht etwa zum notwendigen Übel. Sie ist und bleibt äußerst wichtig für die Musikproduktion. Und sie ist vielleicht wichtiger, als Sie jetzt denken. Sie müssen sie im Schlaf beherrschen. So selbstverständlich, souverän und professionell, dass Sie es schaffen, auch dem Inhalt der Musik eine Chance zu geben. Und sie müssen Ihre Denkweise ändern. Beim nächsten Schritt ins Fortgeschrittenen-Lager lautet die Frage nicht mehr, was Sie mit diesem oder jenem Stück Studio-Equipment denn nun Schönes anstellen können. Sie lautet vielmehr, mit welchem Gerät Sie eine bestimmte Aufgabe lösen, die sich bei Ihrer Songproduktion ergibt.

## Soll und Haben

Wer eine kaufmännische Ausbildung hat, kennt diese beiden Begriffe nur zu gut. Im Home-Studio sind sie auch sehr wichtig, denn Sie wollen ja anfangen, Musik zu machen, und nicht erst die nächsten Jahre damit verbringen, Wunschlisten von benötigtem Equipment zusammenzutragen. Sie werden also immer damit beginnen, Aufgaben mit Ihrem bereits vorhandenen Geräte- und Plugin-Park zu lösen. Erst, wenn Sie an dessen Grenzen stoßen, ist es an der Zeit, sich über eine Erweiterung seines Studios Gedanken zu machen. Wer so vorgeht, arbeitet als Profi wirtschaftlich oder schont als Amateur seine meist ohnehin schon überstrapazierte Hobby-Kasse. Aber dieses Vorgehen bringt noch mehr, nämlich das bestmögliche Studio zum geringst möglichen Preis. Denn alles, was Sie bei dieser Methode anschaffen, das brauchen Sie wirklich und werden es auch nutzen.

## Die Themen

Immer im Bezug auf den praktischen Einsatz und die verschiedenen Arten von Aufnahmen schauen wir uns alle Bereiche eines Studios an. Welches Mikrofon brauchen Sie für welchen Zweck? Welches nehmen Sie, wenn Sie sich nicht gleich einen ganzen Gerätepark leisten können? Mit welchem Vorverstärker nehmen Sie auf? Welche Plugins setzen Sie ein, wozu benötigen Sie externe Hardware, wie schließen Sie diese an und wie stellen Sie sie ein? Was brauchen Sie sonst noch, beispielsweise zur Aufnahme und zum Abmischen der so kritischen Gesangsspuren?

Es geht weiter mit der Abmischung: Wie gehen Sie beim Mixdown vor, was bedeutet das für die Ergonomie in Ihrem Studio? Selbstverständlich müssen Sie hören, was Sie bearbeiten. Aber welche Monitor-Lautsprecher sind für Ihren Einsatzzweck geeignet und welchen Raum sollten Sie überhaupt für Ihr Studio wählen? Kann man auch mit Kopfhörern sinnvoll arbeiten? Wie verlässt schließlich die Musik Ihr Studio und was benötigen Sie dazu? Sie sehen, es gibt einiges zu tun.

## Jeder kann mitmachen

In den vergangenen zehn Jahren hat sich im Bereich der Home- und Projekt-Studios gewaltig etwas getan. Während früher vor der ersten sinnvollen Studio-Aufnahme eine für die meisten Musiker unerschwingliche Investition stand, kann es heute mit einem Standard-Computer und einer relativ erschwinglichen Recording-Software schon losgehen. Programme wie beispielsweise Cubase von Steinberg oder Samplitude von Magix haben bereits in ihrem Lieferumfang alle Standard-Plugins, die man für eine Produktion braucht und die man früher als Hardware für teures Geld kaufen musste.

Aber täuschen Sie sich nicht! Einige mindestens notwendige Voraussetzungen müssen sowohl Sie selbst als auch Ihr Equipment schon aufweisen, wenn Sie Musik produzieren möchten, die „da draußen" ernst genommen werden soll. Für Ihr Studio heißt das, dass außer dem bloßen Computer bald ein Mikrofon, ein Frontend und ein vernünftiges Paar Lautsprecher auf dem Wunschzettel stehen wird, sofern es noch nicht vorhanden ist. Und für Sie selbst heisst es, dass Sie sich eventuell von einigen in Fleisch und Blut übergegangenen Vorgehensweisen oder auch Vorstellungen trennen müssen, denn den Anspruch, eine „amtliche" Produktion abzuliefern, die auch den Vergleich zu anderen Studioproduktionen – bei der heutigen Globalisierung sogar weltweit – nicht zu scheuen braucht, verfolgen wir hier durchaus.

## Was braucht man heute?

Wir haben es oben bereits erwähnt: Ein mittelmäßig leistungsfähiger Computer und eine Recording-Software reichen zum Starten aus. Wenn Sie keine akustischen Instrumente wie Gitarre oder Saxophon aufnehmen und die Gesangsspuren von ihrem Sänger zuhause aufnehmen lassen, brauchen Sie zunächst noch nicht einmal ein Mikrofon. Um Synthesizer-Spuren aufzunehmen, benötigen Sie im Zeitalter virtueller Plugin-Instrumente auch keine Hardware-Gerätschaften mehr, jedoch ist ein MIDI-Keyboard mehr als sinnvoll, um die virtuellen Synthesizer bei der Aufnahme spielen zu können. Und wir sprachen schon weiter oben darüber: Vernünftige Monitor-Lautsprecher brauchen Sie auf jeden Fall.

**Synthesizer-Wände (hier in Thomas Sandmanns Studio um die Jahrtausendwende) wandern im heutigen Home-Studio als Plugins in den Rechner.**

## Was braucht man alles nicht?

Noch bis vor kurzer Zeit musste man sich Gedanken machen, in welchem Format die eigene Musik das Studio verlässt. Um den Band-Mitgliedern ein Demo-Tape mitzugeben, brauchte man einen Cassettenrecorder. In andere Studios gelangte der fertige Mix auf einem DAT-Band. Einzelspuren wurden gern auf einem oder mehreren ADAT-Tapes transferiert, und wer auf der Bühne zum Playback singen wollte, benötigte dieses häufig auf einer Mini-Disc. Die beschreibbare CD galt als eine Art Königsdisziplin, wenn sie nicht nur zum Hören taugen sollte, sondern auch zur Weitergabe an ein Presswerk. Nur wenige CD-Brenner konnten ein entsprechendes Exemplar brennen, das für diesen Zweck geeignet war.

All das braucht man heute nicht mehr. Software bis hinauf in Profi-Lager wie beispielsweise Sequoia von Magix arbeitet schlicht mit jedem handelsüblichen CD-Brenner, und wenn es keine CD sein soll, dann ist es eine MP3-Datei, die das bevorzugte Zielformat darstellt. Fast jede Audio-Software kann solche Dateien erzeugen, und man gibt sie online oder auf einem USB-Stick weiter. Für all dies braucht man keine separate Software, weil die Funktionen zum Brennen einer CD oder zum Encodieren eines MP3-Files heute in fast jeder Audio-Software enthalten sind und die benötigte Hardware mit CD-Brenner und USB-Port zum Lieferumfang jedes PC gehört.

## Alt und neu

Bei extrem begrenztem Budget verhilft eine genauere Abwägung des Wunschzettels trotzdem zu höchster Qualität. Denn obwohl man sich immer mehr Audiospuren und mehr Plugin-Effekte gleichzeitig wünschen kann, kann das Thema der nativen Audiobearbeitung seit Beginn der 2000er Jahre getrost als vollständig gelöst angesehen werden. Vom Audio-Interface und besonders vom Vorverstärker hängt aber in geradezu spektakulärer Weise die Gesamtqualität des Studios ab, sodass die bestmögliche Computer-Workstation bei geringem Budget einem einfachen Investitionsplan folgt: Null Prozent für den Rechner, 100 Prozent für das Interface. Mehr Information finden Sie im nebenstehenden Kasten.

Hintergrund dieses radikalen Ansatzes ist der Gedanke, dass ein zehn Jahre alter, geschenkter Rechner mit der damals aktuellen Software in puncto Aufnahmequalität vollkommen problemlos alles übertrifft, was in der Ära der besten Pop-Produktionen in den späten 1980er Jahren den Top-Studios dieser Welt vorbehalten war und in der Anschaffung mindestens fünfstellige Summen verschlang. Die Pendants auf der Mischpult- und Vorverstärker-Seite waren in derselben Preisklasse angesiedelt und hörten auf Namen wie Solid State Logic (SSL) oder AMS Neve. Weil sich auf analoger Seite aber nichts geändert hat, brauchen wir heute als Partner eines High-End-Aufnahmegerätes in Form des geschenkten PCs noch immer auch ein High-End-Interface mit bestmöglichen Preamps. Da aber meist wenige Kanäle ausreichen, reagierten die Hersteller mit erschwinglichen Geräten, die wir besonders im Hinblick auf die Zukunftssicherheit auswählen sollten und in denen der Großteil der Workstation-Investition optimal angelegt ist.

Aber beginnen wir der Reihe nach. Ihre allererste Überlegung sollte nämlich die Frage beantworten, wo Sie Ihr benötigtes Equipment überhaupt hinstellen. Und dabei sind wir nun schon mitten im Inhalt dieses Buches.

**Der geschenkte PC**

Schon in den frühen 2000er-Jahren erreichte Recording-Software auf einem damals aktuellen Pentium-Rechner eine Leistungsfähigkeit von 64 Audio-Spuren mit je einem Echtzeit-Plugin im virtuellen Mischer. Wer ohnehin nicht mehr braucht und bereit ist, ab und zu einen Effekt auf eine Audiospur aufzunehmen, um freie Prozessor-Ressourcen zu schaffen, der kommt mit einem solchen Rechner mit Pentium-Bestückung ab 1,4 GHz bereits aus. Wichtig ist, dass auch die Software von damals ist! Also Windows XP installiert und Steinbergs Cubase VST zum Beispiel. Das bekommt man mit etwas Glück alles von einem Musik-Kollegen nach dessen Aufrüstung geschenkt. Wer so vorgeht, behält sein Geld für das Audio-Interface übrig, hat zum kleinen Preis überragende Audioqualität und kann den Rechner später immer noch austauschen. Eine Art Defacto-Standard im Home-Studio erreichte der Hersteller RME, der mit seiner Fireface-Serie sogar Interfaces anbietet, bei denen nichts in den Computer eingebaut werden muss.

# 1. Der Raum fürs Studio

Während ein Computer mit Audio-Interface, zwei Lautsprechern sowie einem MIDI-Keyboard und einem Mikrofon noch problemlos in die Ecke Ihres Wohn- oder Schlafzimmers passt oder Sie Ihrem Büro-Rechner eine Nebenbeschäftigung verpassen, kommen Sie bei umfangreichen Erweiterungen Ihrer Hardware oder intensiver Nutzung Ihres Studios auch mit anderen Musikern schnell zu dem Entschluss, dass Sie einen separaten Raum brauchen. Die Anforderungen an diesen unterscheiden sich je nach Art der Projekte, die Sie angehen wollen. Arbeiten Sie hauptsächlich allein, kann das Schlafzimmer noch lange gut genug sein, während Sie eine komplette Metal-Band eher unwahrscheinlich auf Ihrem Bett sitzen haben wollen.

## Erste Überlegungen

In erster Linie möchten Sie möglichst gute Aufnahmen und Abmischungen machen. Ihr Raum soll bei Mikrofonaufnahmen also gut klingen und beim Abhören den Klang Ihrer Monitorlautsprecher nicht verfälschen, denn was Sie falsch hören, das mischen Sie auch falsch ab. Parallele Wände und Decken sowie glatte Oberflächen sind generell schlecht.

Arbeiten Sie meistens mit nur einem Sänger und haben einen problematischen Raum, können Sie sich für eine Gesangskabine entscheiden. Ist diese zerlegbar, kann sie sogar bei einem Umzug mitwandern. Arbeiten Sie hingegen mit ganzen Bands, kommen Sie schnell zum Bedarf zweier getrennter Aufnahme- und Regie-Räume.

Wohnen Sie in einem allein stehenden Haus am Waldrand, reichen die aufgeführten Aspekte schon aus. Haben Sie aber Nachbarn, arbeiten nicht nur mit MIDI-Keyboards und hören nicht ausschließlich über Kopfhörer ab, müssen Sie sich um Schalldämmung kümmern. Die Optimierung zum Abhören über Lautsprecher steht dabei an erster Stelle, denn laute Sänger oder einen voll aufgedrehten Gitarrenverstärker kann man ja auch in die Gesangskabine stecken. Zumal auch der umgekehrte Weg Beachtung finden muss: Empfindliche Mikrofonaufnahmen sollen nicht von draußen vorbeifahrenden Autos gestört werden. Das kann so weit gehen, dass es für einen zur Miete wohnenden Sänger mit eigenem Home-Studio vermutlich einfach ist, in eine andere Wohnung zu ziehen, als unbedingt in seinen direkt an einer Bahnlinie gelegenen Räumen bleiben zu wollen.

Um entspannt arbeiten zu können, ist es zu guter Letzt auch wichtig, wie Sie Ihr Equipment aufstellen. Was Sie häufiger brauchen, gehört näher an Ihren Sitzplatz.

## Akustik zum Abhören

Aus Kosten- und Platzgründen kommen in fast allen Home-Studios Nahfeldmonitore zum Einsatz. Mit diesen hören Sie Ihre Aufnahmen und Mischungen aus einer Distanz zwischen einem und anderthalb Metern ab. Der Raum spielt eine untergeordnete Rolle, da Sie sich ja im Nahfeld der Lautsprecher befinden. Zu nahe Wände sind ein Problem, eventuell auch die ersten Reflexionen an den Seitenwänden bei sehr glatten und harten Oberflächen. Die Aufstellung der Lautsprecher nicht direkt vor einer Wand oder gar in einer Raumecke sollten Sie daher vermeiden, und etwas absorbierendes Material an den kritischen Stellen der Seitenwände reicht meistens schon aus. Arbeiten Sie mit einem herkömmlichen Mischpult, ist die Reflexion auf dessen Bedien-Oberfläche meist die kritischste bei der Arbeit mit Nahfeld-Monitoren. Daher sollten Sie die Lautsprecher unbedingt auf Stativen hinter dem Pult und nicht auf dessen Meterbridge positionieren.

**Die kleinste Lösung**

Mit einer Ecke in Ihrem Schlafzimmer können Sie lange auskommen, wenn Sie alleine arbeiten und es Sie nicht stört, eventuell einmal einen Sänger in die wenig nach Studio aussehende Umgebung mitzunehmen. Stellen Sie alle Komponenten Ihres Studios ergonomisch sinnvoll auf und positionieren Sie die Lautsprecher nicht zu nah an einer Wand. Bettdecken und Kleiderständer absorbieren Schall, Schränke und Regale wirken als Diffusoren. Wenn Sie in der Lage sind, deren Anordnung eventuell noch ein bisschen umzustellen, können Sie schon weit kommen. Und um den Bereich, in dem Ihr Sänger und das Mikrofon stehen sollen, können Sie auch eine für Duschvorhänge gedachte Stange installieren, an der Sie mehrere dicke Wolldecken aufhängen. Das sieht zwar nicht schön aus, führt aber auch zum Ziel.

# Innenakustik zum Aufnehmen

Für die Aufnahme mit einem Mikrofon muss man sich bereits ein paar mehr Gedanken machen. Damit die Aufnahmen nicht durch unerwünschte Einflüsse des Raumes geprägt sind, wird im Home-Studio meist so nah wie möglich mikrofoniert. Akustisch tritt damit der Raum in den Hintergrund. Beliebig nah darf das Mikrofon allerdings auch nicht an die Schallquelle, weil dann andere nachteilige Effekte auftreten können. Zu diesen gehört der Nahbesprechungseffekt des Mikrofons selbst, aber auch die größere Abhängigkeit der Aufnahme von Bewegungen eines Sängers oder Gitarristen.

Nehmen Sie in einem Raum mit einer Grundfläche von 25 Quadratmetern oder weniger auf, sollten Sie ihn möglichst neutral oder sogar etwas überdämpft auslegen. In Räumen dieser Größe gibt es schlichtweg keine Reflexionen, die für eine Aufnahme interessant sein könnten. Ab 50 Quadratmetern aufwärts kann es dagegen Sinn machen, den Klang des Raumes in die Aufnahmen mit einzubeziehen. Besonders, wenn Sie mehrere akustische Instrumente gleichzeitig aufnehmen und eines der Hauptmikrofonverfahren wie beispielsweise die XY- oder AB-Technik einsetzen, klingt Ihre Aufnahme unter Einbeziehung des Raumklangs fast immer besser als eine vollkommen trockene Einzelmikrofon-Aufnahme aller Instrumente mit per Mischpult eingestelltem Panorama und künstlichem Raumanteil.

Die Innenakustik können Sie oft schon mit ein paar recht kostengünstigen Maßnahmen beeinflussen. Wenn der Raum gut klingt, ist es eine gute Idee, die frühen Reflexionen für einen authentischen Raumklang zu nutzen, allzu langen Hall aber zu unterbinden. Benötigt man solchen Hall, lässt er sich mit einem Hallgerät erzeugen. Benötigt man ihn nicht, lässt er sich aus einer verhallten Aufnahme aber nicht mehr entfernen.

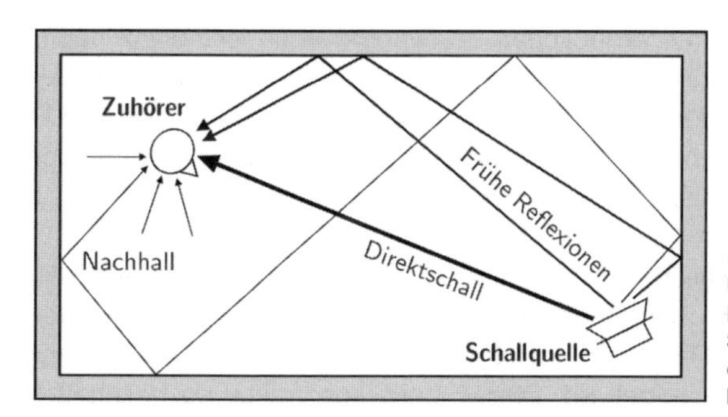


**Reflexionsmuster eines Raumes: Schallquelle und Hörer könnten auch Sänger und Mikrofon sein, die Zusammenhänge bleiben die gleichen.**

**Ein paar Nebenaspekte**

Bei der Nutzung eher ungewöhnlicher Räume ist es wichtig, dass im Winter geheizt werden kann. Das ist nicht nur deshalb nötig, weil frierende Sänger mit blauen Lippen nicht so gut singen, sondern es ist auch für Ihr Equipment nötig. Elektronische Geräte halten allzu extreme Temperaturen nicht aus, und die Luftfeuchtigkeit muss auf jeden Fall soweit im Rahmen bleiben, dass kein Kondenswasser entsteht. Dazu reicht es in den meisten Fällen aus, zu heizen. Klappt das nicht, gibt es spezielle Luftentfeuchter, deren Anschaffung man dann ernsthaft erwägen sollte.

Musiziert man nicht nur im Einraum-Studio, sondern gar in einer Einraum-Wohnung, sollte die Kochecke möglichst weit vom Studio-Equipment entfernt sein. Wasserdampf vom Kochen oder Fettspritzer sind äußerst schädlich für die Technik. In den großen Profi-Studios gilt sogar Rauchverbot, weil die Nikotin-Rückstände schädlich für Schalter, Potentiometer und Festplatten sind.

Wenn Sie Haustiere haben, sollten Sie ebenfalls über die Aufstellung Ihres Equipments nachdenken, weil Nagetiere sich gern in den Nischen von Racks verstecken und Katzen die Kabel als Schnüre ansehen, die ärgerlicher Weise zu ihrem Lieblingsspielzeug gehören und daher nicht lange unbeschädigt bleiben dürften.

## Schalldämmung

Unbedingt unterschieden werden muss zwischen den Maßnahmen für die Innenakustik und denen für eine Schalldämmung. Letztere verschlingen meist viel Geld und sind oft mit erheblichem Aufwand verbunden. Ganz häufig sieht man Noppenschaumstoff oder gar Eierkartons an den Wänden kleiner Studios, die zur Schalldämmung jedoch vollkommen ungeeignet sind. Was man sich zur Dämpfung hoher und mittlerer Frequenzen durchaus aufhängen kann, bringt für den Schallschutz rein gar nichts.

Wer eine gute Schallisolierung braucht und genügend Platz hat, beispielsweise in einer Scheune oder auf einem Dachboden, der baut am effektivsten gleich einen Raum im Raum. Im vorhandenen Raum wird ein völlig neuer, kleinerer zweiter Raum aufgebaut. Dieser muss konstruktiv so beschaffen sein, dass er keine starren Verbindungen zum ersten hat. Decke und Wände werden mit Feder- oder Gummi-Elementen schwingend aufgehängt, der Boden schwimmend eingebaut. In Zwischendecken und doppelten Wänden kann man dämmendes Material einbringen.

Besonders zur Schalldämmung tiefer Frequenzen ist viel Masse nötig. Gemauerte Wände bringen hier mehr als Leichtbau, freilich ebenfalls durch unterlegtes Moosgummi schwingungstechnisch entkoppelt. Zwischen eine gemauerte Doppelwand kann man eine Sandfüllung einbringen, und im Extremfall müssen sogar Wasser- und Heizungsleitungen entkoppelt werden, weil sie Körperschall übertragen.

Da derart umfangreiche bauliche Maßnahmen immer teuer und bei gemieteten Räumen gar nicht machbar sind, werden Sie vermutlich nur Teile der Gesamtlösung realisieren. Es bringt aber auch schon etwas, wenn Sie einfach einen schwimmenden Fußboden einbauen oder eine schwingend abgehängte Decke. Ein Drumset können Sie genau wie Ihre Lautsprecher auf eine schwingend absorbierende Unterlage stellen und erreichen auch schon eine Schalldämmung. Hier gilt es, Notwendigkeit, Kosten und Nutzen gegeneinander abzuwägen.

**Arbeitsplatz**

Neben den spezifischen Betrachtungen in Bezug auf Aufnahme und Abhören gibt es noch einen weiteren Aspekt für Ihr Studio: Es ist ein Arbeitsplatz. Da Sie hauptsächlich vor dem Computer auf einem Stuhl sitzen, kommt bereits diesem eine wichtige Bedeutung zu. Auch sollten Sie darauf achten, die wichtigsten Bedienelemente von Ihrer Sitzposition aus erreichen zu können. Ansonsten ermüden Sie schneller und verlieren die Lust am Arbeiten im Studio, im Extremfall können Sie sogar Rückenschmerzen bekommen.

Denken Sie auch daran, dass Sie und eventuell andere Musiker sich in ihrem Studio wohlfühlen, denn das hat unmittelbare Auswirkungen auf die Kreativität. Neben dem Aspekt des Arbeitsplatzes am Bildschirm sollten Sie daher die Beleuchtung auch ihrem Geschmack anpassen. Auch Bilder an der Wand und das Aussehen der Möbel beeinflussen zwar kaum den Klang, sehr wesentlich aber Ihre Stimmung.

# Ein Raum oder zwei?

Das typische Profi-Studio besteht aus je einem Aufnahme- und einem Regieraum. Während die Aufnahme per Mikrofon in einem Raum erfolgt, steht die Recording-Technik im anderen. Musiker und Engineer sehen sich durch ein Fenster oder über eine Kameraverbindung mit einem großen Flachbildschirm. Die Vorteile dieser Lösung liegen auf der Hand: Man kann jedem Raum optimal für seine Aufgabe ausstatten, und die Kontrolle der Aufnahme ist über Lautsprecher möglich, was in ein und demselben Raum zwangsweise zu Rückkopplungen führen würde und aufgrund des ebenfalls hörbaren Direktsignals bei leisen Abhörlautstärken ohnehin keinen Sinn macht.

Allerdings geht der Trend auch in großen Studios zu immer mehr Aufnahmen im Regieraum. Die Nähe zwischen Musiker und Engineer spielt hier eine Rolle, ebenso der „Aquarium.Effekt“. Der Musiker fühlt sich schnell isoliert und weiß nicht, was gerade passiert, wenn er nicht permanent über Talkback angesprochen wird. Ist also die akustische Trennung verzichtbar, kommt bei Aufnahmen im Regieraum meist das bessere Ergebnis heraus. Und wenn das ohnehin so ist, können Sie im Home-Studio auch meist auf den zweiten Raum verzichten.

Einzig bei Schlagzeug-Aufnahmen wünschen Sie sich meist den separaten Aufnahmeraum. Daher sollten Sie abwägen, wie oft Sie wirklich akustische Drums aufnahmen. Spielen Sie live ein Akustik-Set und programmieren zu-

**Ungewöhnliche Räume**

Wenn Sie beim Abhören ohnehin im Nahfeld arbeiten und die Raumeinflüsse nicht so wichtig sind, können Sie auch einen alten Stall oder die Dachkammer mit Blick über die Stadt nutzen und die Besonderheit als besondere Inspiration ansehen. Aber auch umgekehrt, also zur Aufnahme, können ungewöhnliche Räume etwas beitragen. Der im gekachelten Badezimmer per Mikrofon abgenommene Gitarrenverstärker klingt oft besser als jeder Gitarren-Hall, und die Chor-Aufnahme in einer alten Lagerhalle gilt selbst unter Profis schon fast als Geheimtipp. „Recorded live at Lager Hall“ bedeutet nicht unbedingt, dass hier der Konzertsaal eines US-Biersponsors am Start war. Übrigens können Sie eine solche Halle im Zeitalter kleiner, preiswerter Field Recorder auch dann nutzen, wenn sie sich nicht unmittelbar unter Ihrer Wohnung oder Ihres Studioraumes befindet.

hause meist ohnehin mit Samples oder trommeln auf elektronischen Pads, können Sie für die wenigen Fälle einer akustischen Schlagzeug-Aufnahme lieber ein Profi-Studio anheuern, anstatt das viele Geld für einen sonst nicht genutzten Raum zu investieren. Es sei denn, Sie haben ein sehr geräumiges Badezimmer, denn dann sollten Sie dieses mal ausprobieren für Drum-Aufnahmen.

## Gesangskabine

In gemieteten Räumen ist oft eine Kabine die ideale Lösung, da Sie diese einfach aufbauen und bei einem Umzug auch mitnehmen können. Zerlegbaren Systemen ist daher klar der Vorzug zu geben. Lassen Sie sich nicht abschrecken vom Preis, solch eine Kabine ist ein ausgeklügeltes System und bietet neben guter Absorption im Inneren vor allem eine hohe Schalldämmung, die ihren Preis hat. Je nach Größe können Sie nicht nur darin singen, sondern auch ein Drumkit hinein stellen oder gar Ihr ganzes Home-Studio im Inneren der Kabine platzieren.

**Bau einer Raum-im-Raum-Lösung auf einem Dachboden**

# Akustische Optimierung

Obwohl überall geschrieben steht, dass parallele Wände möglichst zu vermeiden sind, werden Sie in Ihrem Studioraum höchst wahrscheinlich genau solche vorfinden. Um parallele Wände und Decken konsequent zu vermeiden, müssten Sie ebenso konsequent neu bauen oder zumindest eine Raum-im-Raum-Lösung gestalten, die extrem viel Platz verbraucht. Da die wenigsten Studios über ein entsprechendes Budget verfügen und dieses für das Home-Studio ohnehin vollkommen illusorisch ist, werden wir uns mit parallelen Wänden wohl oder übel anfreunden müssen.

Sie können aber an der Decke mehrere abgehängte Elemente befestigen, die Sie an den Ecken mit unterschiedlich langen Verbindern aufhängen und die dann schräg hängen. Wenn Sie sich die Reflexionen des Schalls an den Flächen wie bei einem Spiegel bildlich vorstellen, vermeiden Sie direkte Reflexionen.

Klingt Ihr Raum zu dumpf, benötigen Sie einige glattere Wandflächen wie beispielsweise Fliesen. Klingt er zu hell, hängen Sie einen Vorhang auf. Besonders in kleinen Räumen ist die Basswiedergabe problematisch, weil sich stehende Wellen ergeben. Sogenannte Bassfallen helfen, die meist in den Raumecken aufgebaut werden und viel Dämmstoff enthalten.

Um den Raum mit Absorbern, Resonatoren und Diffusoren linear abzustimmen, benötigen Sie neben Messtechnik und viel Fachwissen auch Erfahrung, sodass Sie dafür lieber einen Fachmann aufsuchen. Sie kommen aber ohne diesen bereits zu einem erstaunlichen Ergebnis, wenn Sie längere Wände mit Regalen oder einem kleinen Raumteiler bestücken und auf größere Bodenflächen beispielsweise eine Sitzgruppe stellen. Schwere Vorhänge und weitere Maßnahmen brauchen Sie oft gar nicht, denn der Raum soll auch nicht zu stark bedämpft werden. Wenn Sie zur Kontrolle in die Hände klatschen und keine Flatter-Echos mehr hören, ist es meistens schon gut.

# 2. Aufstellung der Lautsprecher

Ein wichtiger Teil der Raumplanung ist die Bestimmung der Lautsprecher-Positionen. Möchten Sie Surround-Produktionen optimal abhören können, kann das sogar so weit führen, dass ein für Zweikanal-Stereo noch bestens geeigneter Raum sich plötzlich als unbrauchbar herausstellt. Sind Sie in der komfortablen Lage, sich den Raum für Ihr Studio aussuchen oder gar völlig neu bauen zu können, sollten Sie unbedingt zunächst darüber nachdenken, welche Art der Stereofonie für Sie in Frage kommt. Übrigens bedeutet das Wort „Stereofonie" entgegen der weit verbreiteten Verwendung nicht, dass Musik über zwei Kanäle wiedergegeben wird. Es steht für mehrere Kanäle, somit gehört die Surround-Technik ebenfalls zur Stereophonie.

Bei genauerem Hinsehen gibt es auch nicht das Surround-Format, sondern es sind mehrere. Im Profi-Studio müssen beispielsweise Videoton in Dolby Prologic, DVDs mit AC3-Codierung, eventuell sogar Kinoton im Standard Dolby EX und nach wie vor natürlich Stereoquellen abgehört werden können. Wer sein Studio mit einer Surround-Abhöranlage ausrüstet, muss diese daher nicht nur überlegt aufstellen, sondern auch berücksichtigen, dass sie alle benötigten Formate wiedergeben kann. Aufstellung und Anforderungen an die Lautsprecher werden im folgenden anhand der verschiedenen Formate erarbeitet.

## Zweikanal-Stereo

Das zweikanalige Stereoformat eignet sich nicht nur als Einstieg in die Thematik, weil es jedem bekannt ist und weiterhin die häufigste Abhörsituation darstellen wird, sondern weil bereits in ihm die Grundlagen für Lautsprecheraufstellung und Kompatibilitätsprobleme der Surround-Formate in einfacher Form enthalten sind. Bei der Aufstellung einer Stereo-Abhöranlage ist es wichtig, dass die Lautsprecher gleich weit vom Hörer entfernt sind und ihr Abstand zueinander korrekt bemessen wird. Ist er zu klein, ergibt sich kein ausreichendes Stereo-Bild, bei zu großem Abstand entsteht hingegen in der Mitte ein akustisches Loch. Da die korrekte Aufstellung schon bei zwei Lautsprechern wichtig ist, wird sie bei mehreren noch kritischer. Auch bei allen Mehrkanal-Formaten müssen sämtliche Lautsprecher gleich weit vom Hörer entfernt aufgestellt sein, dürfen also ausschließlich auf einer um die Abhörposition gedachten Kreislinie platziert werden. Und ebenso wie beim Zweikanal-Format ist die Einhaltung der Winkelpositionen wichtig.

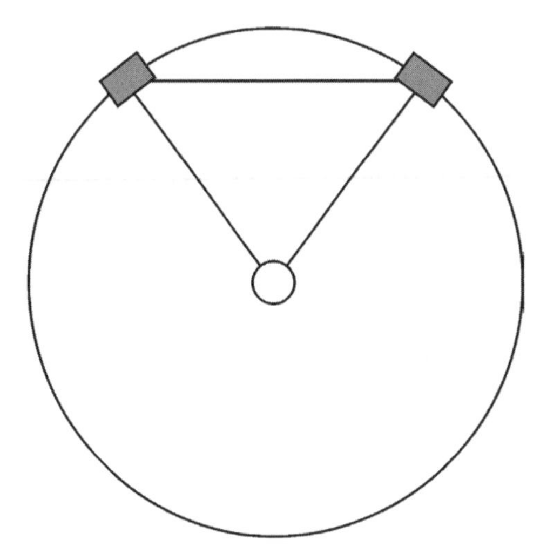

**Das zweikanalige Stereoformat wird auch in näherer Zukunft die häufigste Abhörkonfiguration darstellen.**

## Center-Kanal

Als sich stereophone Fernsehübertragungen in den 1980er-Jahren durchsetzten, beklagten viele audiophile Fernsehzuschauer die breite Stereobasis ihrer rechts und links vom Fernseher aufgestellten Lautsprecher, durch die der Ton nicht zum kleinen Bild des Fernsehers passte. Heutige Surround-Formate haben inzwischen generell einen separaten Kanal für einen Lautsprecher genau in Bildmitte, der diese Probleme unterbindet. Beim Kinoton gibt es diesen Lautsprecher sogar schon seit geraumer Zeit: Der 1981 in den Kinos debütierende Film „Krieg der Sterne“, heute als Episode IV der Weltraum-Saga „Star Wars“ bekannt, setzte einen solchen Lautsprecher in den Kinos zwingend voraus. Da dieser sogenannte Center-Kanal für den Bildbezug zuständig ist, gehört der zugehörige Lautsprecher nicht nur in die Mitte zwischen den rechten und linken Lautsprecher und selbstverständlich auf den gedachten Kreis um den Zuhörer, sondern auch in unmittelbare Nähe des Videomonitors oder Fernsehers, sofern ein solcher im Studio installiert ist.

Der Center-Speaker sollte idealerweise mit den rechten und linken Frontlautsprechern technisch identisch sein. Seine Gehäuseform darf jedoch durchaus abweichen. Einige Hersteller bieten sogar spezielle Center-Speaker an, die zur Platzierung über oder unter einem Fernseher eine besonders niedrige Höhe, dafür aber eine größere Breite aufweisen als die technisch gleichwertigen Lautsprecher für den linken und rechten Kanal.

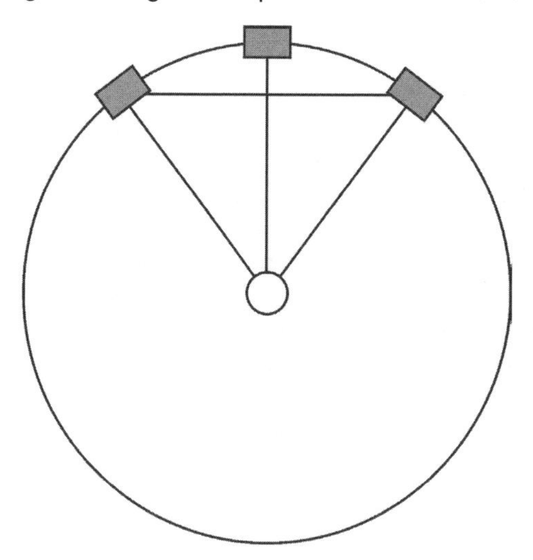

**Durch die Einbeziehung eines Center-Kanals ergibt sich ein Bildbezug bei Film- oder Fernsehanwendungen.**

## Dolby Prologic

Dolby Prologic war das erste, weit verbreitete Format, das eine Anordnung aus drei Lautsprechern vorn und zwei zusätzlichen Lautsprechern hinter dem Zuhörer nutzte. Der Vorgänger von Dolby Prologic ist unter dem Namen Dolby Stereo aus dem Kino bekannt, eingeführt mit der schon zuvor erwähnten allerersten Folge von „Star Wars" in den 1980er-Jahren.

Allerdings verwendet Prologic nur vier Kanäle, da die beiden hinteren Lautsprecher gemeinsam angesteuert werden. Diese vier Kanäle werden zudem in ein Stereosignal matriziert, das zur herkömmlichen Stereotechnik kompatibel sein soll. Dazu wird der Centerkanal zu gleichen Teilen dem linken und rechten Kanal zugemischt, und bei der Wiedergabe macht man sich den Trick zunutze, das Mittensignal durch Summenbildung zu erzeugen. Der Surround-Kanal wird entgegengesetzt phasenverschoben in beiden Stereokanälen untergebracht und durch entsprechende Decodierung bei der Wiedergabe isoliert. Beim Abhören ohne Decoder sollen sich die Signalanteile des Surround-Kanals jedoch auslöschen, sodass sich eine Stereo-Kompatibilität ergibt. Auch wenn sie sich auslöschen, sind die gegenphasigen Anteile aber dennoch im Stereosignal enthalten, sodass die Monokompatibilität problematisch wird.

Beim Aufbau der Abhöranlage ist zu beachten, dass ein entsprechender Decoder benötigt wird. Dieser sollte wahlweise in den Signalweg einschleifbar sein, um auch uncodiertes Material hören zu können. Da die hinteren Lautsprecher prinzipbedingt nicht den vollen Frequenzgang wiedergeben können, werden an ihre Qualität nicht die höchsten Anforderungen gestellt, sofern ausschließlich mit Dolby Prologic gearbeitet wird. Theoretisch könnten hier also kleinere Boxen zum Einsatz kommen, wie es die diversen Consumer-Anlagen auch zeigen. Da im Studio aber auch andere Surround-Formate abgehört werden sollen, ist die Wahl von Fullrange-Lautsprechern auch für die hinteren Kanäle anzuraten, ebenso wie der Zugriff auf alle Eingänge unter Umgehung des Decoders für diskrete Formate. Auch die hinteren Lautsprecher sollen auf dem gedachten Kreis platziert werden.

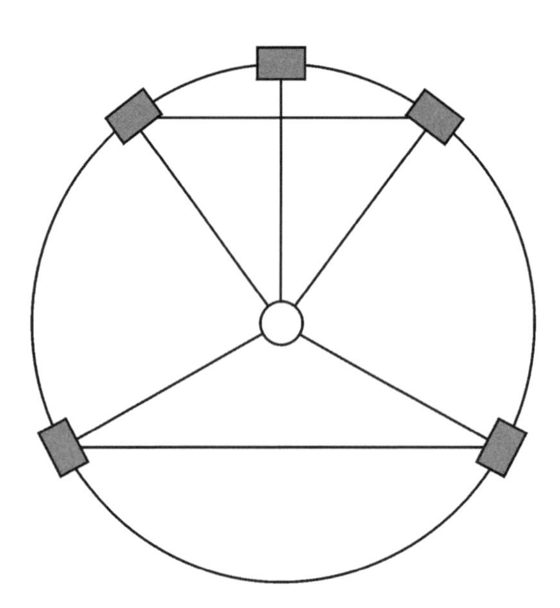

**Die fünfkanalige Surround-Anordnung kommt beim matrizierten Dolby Prologic und beim diskreten 3+2 zum Einsatz.**

## 5.1 Surround

Die fünf diskreten Hauptkanäle des 5.1-Formats erlauben die Wiedergabe des gesamten Frequenzbereichs auf allen Kanälen, weshalb auch die Rear-Lautsprecher Fullrange-Signale wiedergeben können müssen. Aufgrund der Eigenschaften des menschlichen Gehörs müssen die hinteren Lautsprecher dennoch nicht vollständig mit den vorderen mithalten können. Ein weitestgehend gleich klingendes, aber etwas kleineres Modell als das für die Frontlautsprecher gewählte darf hier durchaus eingesetzt werden. Hardliner erlauben das dennoch nicht und fordern wirklich identische Lautsprecher für alle Kanäle.

Der Name 5.1 sagt aus, dass neben den fünf Fullrange-Lautsprechern ein zusätzlicher Subwoofer zum Einsatz kommt, der ebenfalls von einem diskreten Kanal angesteuert wird. Dieser als LFE (Low Frequency Effects) bezeichnete Kanal ist für tieffrequente Effekte vorgesehen, dient jedoch nicht zur Aufzeichnung eines die Satelliten-Lautsprecher komplettierenden Bass-Signals. Das wäre schon deshalb nicht sinnvoll, weil die spezifischen Daten der jeweiligen Abhöranlage bei der Musikproduktion nicht bekannt sind. Reicht also der Frequenzgang der fünf Hauptlautsprecher nicht weit genug hinab und sollen diese daher ebenfalls durch den Subwoofer unterstützt werden, so ist dies wiedergabeseitig zu realisieren, wie es beispielsweise von Stereo-Subwoofer-Anlagen bereits bekannt ist.

Zur gleichzeitigen, diskreten Ansteuerung des Subwoofers über den LFE-Kanal und zur Extraktion des Tiefbassanteils aus dem zuvor beschriebenen Satellitensystem müssen zusätzliche Misch- und Filterstufen zum Einsatz kommen, die häufig direkt in den Subwoofer eingebaut werden. Auf dem Markt sind daher einige Subwoofer mit sechs Eingängen sowie Ausgängen für die Hauptlautsprecher zu finden, die sich je nach beabsichtigtem Einsatz in ihren Möglichkeiten stark unterscheiden.

Auch der Subwoofer muss den gleichen Abstand zum Ohr aufweisen wie die anderen Lautsprecher. Dazu sind einige Modelle jedoch nicht auf dem gedachten Kreis anzuordnen. Der Grund für die Abweichung von der Kreis-Regel liegt in der technischen Ausführung einiger Subwoofer als Bandpassgehäuse, in denen der Schall bereits vor dem Austritt aus dem Gehäuse eine gewisse Strecke zurücklegt. Dient der Subwoofer nicht nur der Wiedergabe des LFE-Kanals, sondern auch der Komplementierung der drei Frontlautsprecher, wird das mit der Aufstellung verbundene Laufzeitproblem sogar recht komplex, zumal einige Systeme mit relativ hohen Trennfrequenzen arbeiten und dadurch der Gefahr unterliegen, ortbar zu werden. Mit der Aufstellung des Subwoofers muss also experimentiert werden. Da nicht jeder Anwender ein kühlschrankgroßes Monstrum an einer beliebigen Stelle im Raum platzieren kann, verfügen manche Subwoofer über eine Phasenschieber-Schaltung, mit der eine Signalverzögerung einstellbar ist, über die ein nicht optimal gewählter Aufstellplatz gegebenenfalls kompensiert werden kann. Haben Sie die Möglichkeit, Ihren Raum entsprechend auszulegen oder anzupassen, ist die geometrisch korrekte Aufstellung immer einer Kompensation vorzuziehen.

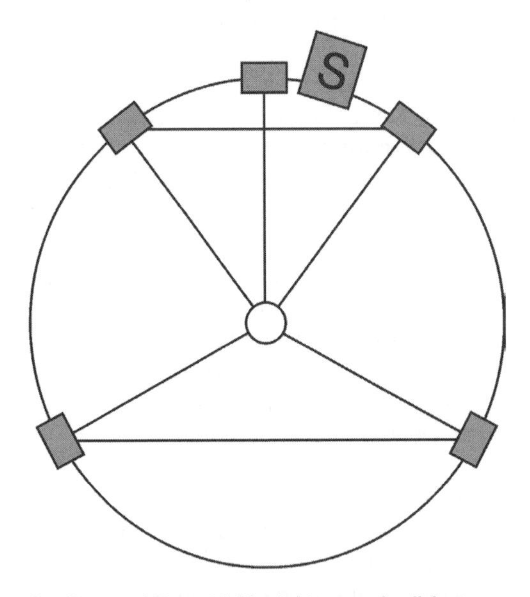


**Das Surround-Format 5.1 besteht aus sechs diskreten Kanälen und verwendet einen separaten Subwoofer.**

**Wandeinbau**

Obwohl es eher unüblich ist, kann man auch große, für den Wandeinbau vorgesehene Fullrange-Lautsprecher als Surround-Anlage nutzen. Es ergibt sich ein erheblicher Aufwand, weil die Wände an diesen Stellen des Studios dann exakt auf dem Umfang eines Kreises liegen müssen. Belohnt wird man durch das Ausbleiben jeglicher Phasenprobleme in den Hauptkanälen.

**Der Autor dieses Buches beim Rohbau eines von ihm geplanten Studios mit Surround-Wandeinbau**

## Dolby Surround EX

Wer auch im Format Dolby Surround EX produzieren will, braucht zum Abhören einen weiteren Lautsprecher hinten in der Mitte. Die für Dolby Surround EX häufig benutzte Bezeichnung „6.1" ist übrigens falsch, denn es handelt sich bei diesem Format nicht etwa um sechs diskrete Hauptkanäle, sondern der EX-Kanal wird mit Hilfe einer Matrixkodierung in die hinteren Surround-Kanäle gemischt. Das Format wird damit kompatibel zu allen 5.1-Systemen, bei denen sich das Signal ähnlich dem Rear-Kanal beim Prologic-Format auslöscht. Um den EX-Kanal zu hören, ist ein spezieller EX-Decoder notwendig, der bei der Planung der Abhöranlage ebenfalls zu berücksichtigen ist.

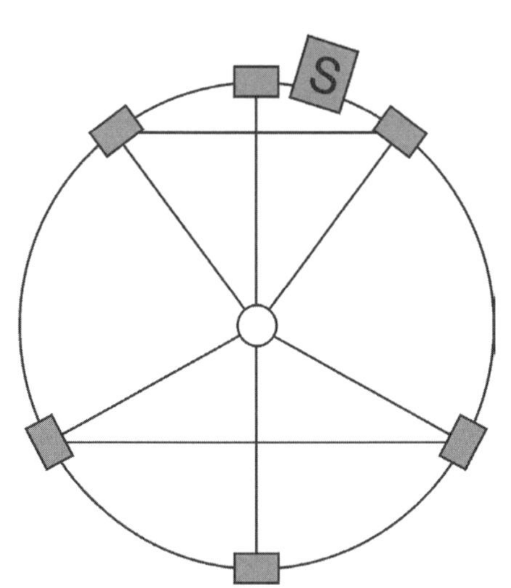


**Einen zusätzlicher, hinterer Mittenkanal wird bei Dolby Surround EX benötigt.**

## Noch mehr Lautsprecher

Über die hier vorgestellten Formate hinaus gibt es noch einige weitere, beispielsweise mit zusätzlichen Kanälen für halb rechts und halb links vorne und/oder einer weiteren Unterteilung der rechten und linken Surround-Kanäle für je einen Lautsprecher an der Seite und einen hinten. Entsprechend ihrer Kanalzahl heißen solche Formate dann beispielsweise 7.1. Näher auf alle diese Möglichkeiten einzugehen, würde den Rahmen dieses Buches sprengen. Auch für diese Formate gilt aber, dass sich die Lautsprecher immer auf einem Kreis befinden sollten. Planen Sie Ihr Studio entsprechend und versperren nicht die „Sicht" auf eventuelle spätere Erweiterungen mit Lautsprechern an den sich ergebenden Positionen, sind Sie auch für die Zukunft gut gerüstet.

# 3. Die Wahl der Lautsprecher

Sind da nicht zwei Kapitel vertauscht? Müsste man nicht erst die Lautsprecher auswählen, um sie danach dann aufstellen zu können? Aber tatsächlich ist der Weg der Planung andersherum als der zeitliche Weg des Aufbauens. Denn erst, wenn man weiß, für welchen Raum und welche Positionierung Lautsprecher gedacht sind, kann man die für diese Anwendung optimalen Modelle auswählen.

## Die HiFi-Anlage

Wohl jeder Neueinsteiger in Sachen Studio stellt sich die Frage, ob es nicht ausreicht, einfach ein Consumer-System zu kaufen. Schließlich hört der spätere Konsument unsere Produktion auch mit einem solchen. Allerdings sind die Anforderungen bei näherer Betrachtung dann doch sehr unterschiedlich: Studiomonitore sind anders ausgelegt als HiFi-Lautsprecher, denn sie sollen nicht vordergründig schön klingen, sondern die Schwächen im Mix aufdecken. Auch hört man mit einer HiFi-Anlage ausschließlich die fertigen Produktionen, Monitor-Lautsprecher hingegen müssen beispielsweise beim Abhören mit der Solo-Funktion oft vollständig unkomprimierte Signale mit extremen Dynamikspitzen wiedergeben.

Gleiches gilt natürlich für Ihre Surround-Abhöranlage. Auch hier sind die Lautsprecher in Consumer-Systemen eher HiFi-mäßig abgestimmt, wobei aber noch weitere Punkte dazukommen. In der Regel schon zu Dolby-Prologic-Zeiten entwickelt, sind die hinteren Lautsprecher selten in der Lage, mehr als einen eingeschränkten Mittenbereich wiederzugeben, der für die diskreten Formate aber zu wenig ist. In eine ähnliche Richtung führt der Wunsch vieler Anwender nach möglichst kleinen Lautsprechern, die im Wohnzimmer nicht zu stark auffallen sollen.

Die Subwoofer sind für einen möglichst imposanten Boom-Effekt oft bewusst weich aufgehängt und verlängern durch Gehäuse- und Sicken-Resonanzen die wiedergegebenen Impulse, wodurch sich eine zwar vordergründig beeindruckende Bassfülle ergibt, die aber wenig präzise und für die Studioanwendung daher ungeeignet ist. Als letzter Punkt kommt hinzu, dass Consumer-Surround-Systeme oft insgesamt auf einer sehr niedrigen Qualitätsstufe stehen, weil sie im harten Kampf um den Kunden in Preisregionen angesiedelt sind, die den Hersteller um jede Mark ringen lassen.

## Die Spezialisten

Studiomonitore sind also angesagt. Da die ohnehin kugelförmig abgestrahlten und nicht ortbaren Bässe aufgrund der höheren Lautsprecherzahl im Gesamtsystem auch mehr Membranfläche zur Verfügung haben, darf der einzelne Basstöner und damit die einzelne Lautsprecherbox durchaus etwas kleiner sein als bei einem gleichartig zu den räumlichen Gegebenheiten ausgewählten Stereosystem. Außerdem kommt ja ein Subwoofer zum Einsatz, der in der Regel zusätzlich zur Wiedergabe des LFE-Kanals auch der Komplementierung der Frontlautsprecher dient, weshalb diese nochmals kleiner ausfallen dürfen. Bei diesen Anforderungen bieten sich ursprünglich als größere Nahfeld-Monitore entwickelte Lautsprecher für den Einsatz als Surround-Hauptabhöre geradezu an.

**Der legendäre, aktive Midfield-Monitor O 300 von Klein+Hummel war auch Bestandteil eines Surround-Systems. Die Marke Klein+Hummel existiert nicht mehr, der Lautsprecher steht hier stellvertretend für entsprechende Modelle der aktuell am Markt befindlichen Hersteller**

Idealerweise wählt man die Lautsprecher einer Surround-Anlage in der aktiven Variante, um sich ein ganzes Rack voller separater Endstufen zu sparen. Und tatsächlich bauen fast alle derzeit erhältlichen Surround-Komplettsysteme für den Studioeinsatz auf diesem Konzept auf. Die Hersteller entwickeln zu ihren vorhandenen Nahfeld-Monitoren den passenden Subwoofer, in den auch gleich die Filter- und Mischstufen integriert werden, und bieten alles zusammen als Surround-System an.

**Anschlussfeld eines Subwoofers mit eingebauten Filterstufen**

Selbstverständlich lässt sich die vorhandene Stereo-Abhöranlage auch zum Surround-System erweitern. Besonders gut gelingt das, wenn in einem kleineren Studio bereits Lautsprecher des beschriebenen Typs als Hauptabhöre zum Einsatz kommen. Man kauft einfach weitere des gleichen Herstellers dazu, ergänzt sie um den idealerweise ebenfalls vom gleichen Hersteller spezifisch für diese Kombination entwickelten Subwoofer, und fertig ist die Surround-Anlage. Hat der Hersteller eine ganze Reihe ähnlich klingender Lautsprecher im Programm, kann für die hinteren durchaus das nächst kleinere Modell gewählt werden. Ein gutes Beispiel dafür ist die Produktpalette von Genelec oder Neumann.

**Ein guter Partner des O 300 für die hinteren Kanäle ist der sehr ähnlich klingende O 110.**

Größere Studios mit wirklich großen Hauptmonitoren werden sich hingegen eher entscheiden, eine ganz neue Surround-Anlage zusätzlich zu installieren, da hier die Lautsprecher kleiner sein müssen und eine Erweiterung nachteilig wäre. Außerdem ist die zusätzliche Abhöre in jedem Fall ein Gewinn, denn selbst im Stereobetrieb steht zur Prüfung eines Mixes ein weiteres System zur Verfügung.

## Encoder und Decoder

Mit Ausnahme des diskreten 5.1-Formats, dessen sechs von der Mischpultsumme oder dem HD-Recordingsystem ausgespielten Kanäle unmittelbar mit den Eingängen der Abhöranlage verbunden werden können, ist zur Aufbereitung codierter Signale ein Decoder nötig. Die Informationen der in nur zwei analogen Kanälen einer mit Dolby Prologic codierten Surround-Aufnahme müssen mit Hilfe des Prologic-Decoders in vier Kanäle umgesetzt und mit den Eingängen der Aktivlautsprecher oder der für passive Modelle zuständigen Endstufen verbunden werden, wobei der Surround-Kanal beiden hinteren Lautsprechern gleichzeitig zuzuführen ist. Beim Format Dolby Digital (AC3) muss dagegen ein Digitalsignal auf sechs diskrete Kanäle decodiert werden, die dann unmittelbar den sechs Eingängen einer 5.1-Anlage zugeführt werden können. Wer ausschließlich mit nur einem Format arbeitet, kann seinen Decoder fest verkabelt lassen. In einem Consumer-Setup für den heimischen Filmgenuss am Fernseher wird das so gut wie immer der Fall sein, im Studio hingegen so gut wie nie. Produktionen in den verschiedenen Formaten wechseln sich ab, außerdem sollen die vorderen rechten und linken Lautsprecher auch separat zum Hören im Zweikanal-Stereoformat verwendet werden können.

Aufnahmeseitig werden Encoder benötigt, um die vier diskreten LCRS-Kanäle in zwei Prologic-Analogspuren oder die sechs Kanäle einer 5.1-Mischung in den digitalen Datenstrom des Formats Dolby AC3 umzusetzen. Besonders beim verlustbehafteten Prologic-Encoding ist dabei durch Encoder und anschließendem Decoder abzuhören, um die Einflüsse der Codierung im Mix vorzukompensieren. Beim wesentlich weniger verlustbehafteten AC3-Format ist dieses Vorgehen zwar nicht mehr zwingend nötig, für besonders hochwertige Ergebnisse aber dennoch zu empfehlen.

## Abhörmatrix

Neben dem Ausgangssignal des Rechners sollen wahlweise auch Signale der Zuspieler wie beispielsweise CD- oder DVD-Player auf die Abhöranlage geschaltet werden. Beim herkömmlichen Stereoformat ist das kein Problem, denn über Umschalter in der Monitorsektion des Mischpults oder externe Geräte werden die Stereo-Ausgänge der genannten Zuspieler an den Stereo-Eingang der Abhöranlage geschaltet.

In einem Surround-System gestaltet sich die Sache deutlich schwieriger, denn hier sind es zum einen mehr zu verwaltende Kanäle, und zum anderen variieren diese zwischen den einzelnen Zuspielern. Die diskrete Mischpultsumme soll 1:1 an die Abhöranlage weitergegeben werden, der Ausgang des CD-Players darf nur die vorderen rechten und linken Lautsprecher ansteuern, das codierte Signal des DVD-Players muss zunächst durch einen Decoder laufen, und wie Sie bereits wissen, ist beim Mischen von Produktionen in Dolby Prologic unbedingt durch Encoder und Decoder abzuhören.

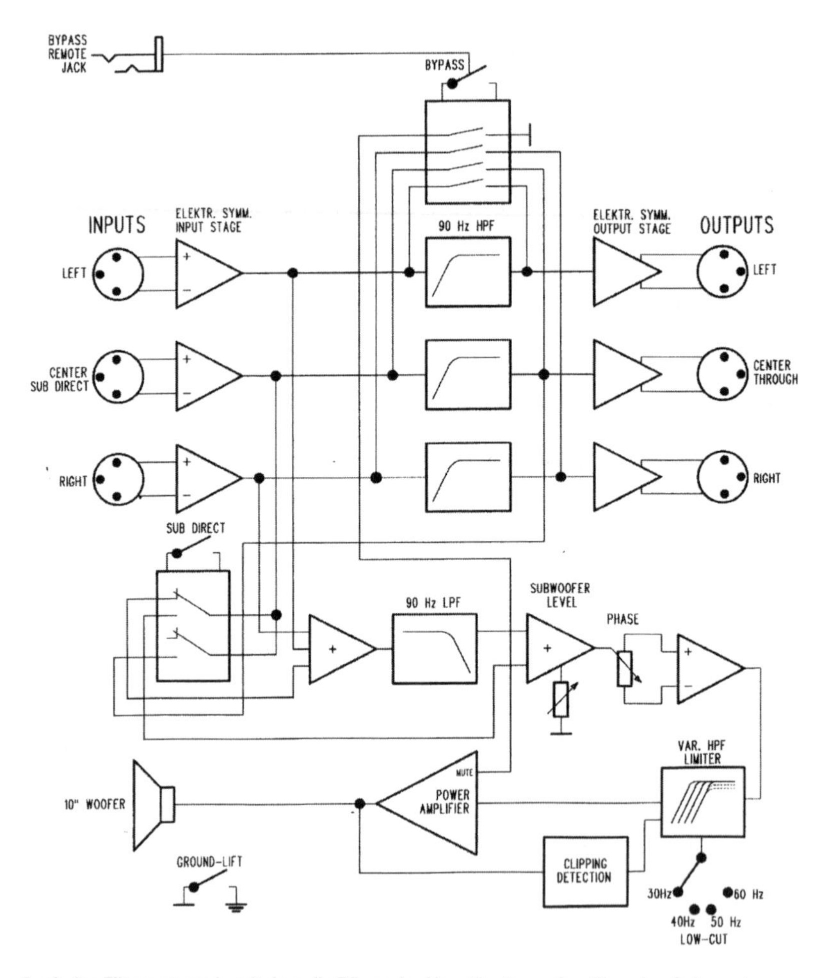


**Auch das Filternetzwerk, mit dem die Bässe der Hauptlautsprecher über den Subwoofer wiedergegeben werden, kann Bestandteil der Abhörmatrix sein.**

Aber es kommt noch dicker: Der Rolle der Monokompatibilität eines Zweikanal-Stereosignals kommt bei Dolby Prologic die Rolle der Zweikanal-Stereokompatibilität gleich, denn beispielsweise eine Fernsehproduktion mit Surround-Ton werden nur die wenigsten Zuschauer tatsächlich mit Surround-Anlagen abhören. Für das Abhören in Zweikanal-Stereo ist daher sicherzustellen, dass sich der Klang nicht deutlich verändert und die Surround-

Anteile nicht stören. Zur Kontrolle muss das durch den Prologic-Encoder bearbeitete Signal auch ohne Decoder im Signalweg abgehört werden können. Und selbstverständlich ist die Monokompatibilität nach wie vor wichtig, denn monophone Fernseher gibt es noch immer.

Außerdem sind Surround-Anlagen bereits so weit verbreitet, dass es zusätzlich eine andere, nicht ganz so naheliegende Kompatibilität zu beachten gilt: Die Prologic-Kompatibilität von reinen Zweikanal-Stereoproduktionen. Wenn Sie bei Ihrer Produktion also gar nicht an Surround denken, jedoch nicht ausschließen können, dass sie im Fernsehen übertragen wird, hören Sie sie vor dem endgültigen Mixdown unbedingt auch durch den Prologic-Decoder ab. Viele Konsumenten vergessen nämlich, diesen auszuschalten, und dann könnten beispielsweise an der Grenze der Gegenphasigkeit liegende Signalanteile von Effektgeräten aus den hinteren Lautsprechern zu hören sein. Dies gilt es zu vermeiden, denn mit dieser Konstellation ist unbedingt zu rechnen.

Wer nur selten Surround-Produktionen durchführt und zudem nicht wechselweise auf alle zur Verfügung stehenden Formate vorbereitet sein muss, wird eine feste Verkabelungsmöglichkeit finden können und sich für Ausnahmefälle durch Umstecken helfen. Alle anderen Anwender benötigen eine Surround-Abhörmatrix, die im einfachsten Fall aus einer Patchbay, im komfortabelsten Fall aus einem Schalt- und Logikmodul mit Einschleifmöglichkeit aller derzeit bekannter En- und Decoder besteht. Diesem noch recht jungen Anforderungsprofil werden einige in den vergangenen Jahren entwickelte Stand-Alone-Mastersektionen gerecht, die ursprünglich den großen, heute in Projektstudios ausgestorbene Mischkonsolen entstammen.

Bei solchen externen Lösungen, und seien sie nur mit Hausmitteln wie einer Patchbay realisiert, ist unbedingt an die Lautstärkeregelung zu denken. Da sich Encoder und Decoder erst hinter dem Mischpult im Signalweg befinden und auch zwischen den Zuspielern außerhalb des Pults umgeschaltet wird, liegen die Signale am Ausgang der Abhörmatrix mit vollem Pegel an. Beim im Studio bevorzugten Einsatz von Aktivboxen oder reinen Endstufen für passive Modelle entfällt aber die von Consumer-Equipment bekannte Möglichkeit der Lautstärkeregelung am Vorverstärker, die folglich ebenfalls innerhalb oder separat hinter der Matrix zu berücksichtigen ist.

# Raumakustik

Eine Abhöranlage entfaltet Ihre Qualität nur dann, wenn bei der Einrichtung des Studios auch an die Raumakustik gedacht wurde. Die meisten Regieräume werden so ausgelegt, dass sich rechts und links von der Hörposition schallharte Flächen befinden und die hintere Wand Absorptionseigenschaften aufweist. Die Hauptmonitore werden gern in die vordere Wand eingelassen und befinden sich dabei in einer ebenen, akustisch harten Oberfläche, um sich dem Prinzip der unendlichen Schallwand anzunähern.

Bei der Ausrüstung eines Regieraumes mit einer Surround-Anlage muss man die Raumakustik neu überdenken. Aus Sicht der hinteren Lautsprecher bildet die vordere Studiowand nun die „Rückwand", besitzt aufgrund ihrer bewusst schallharten Ausführung jedoch keinerlei Absorptionseigenschaften. Eine Umgestaltung der Eigenschaften dieser Wand stellt jedoch das Prinzip der in die Wand eingelassenen Frontlautsprecher gleichermaßen in Frage. Da die hinteren Lautsprecher in einem größeren Winkel zueinander angeordnet sind als die vorderen, erreicht ein Teil der von ihnen abgestrahlten Schallenergie die Seitenwände des Regieraums relativ früh, wodurch unangenehme erste Reflexionen an der Hörposition entstehen.

Auch aufwendige Konzepte wie beispielsweise das des LEDE-Raums (Live End/Dead End), bei dem durch eine spezielle Rückwandkonstruktion aus akustisch hartem Material mit verschiedenen Reflexionswinkeln ein äußerst diffuses Schallfeld erreicht wird, können durch bloße Aufstellung zusätzlicher Rear-Lautsprecher ad absurdum geführt werden, wenn man nicht genau weiß, was man tut. Wer zur Zeit ein neues Studio einrichtet und sich noch nicht für ein Surround-System interessiert, sollte es zumindest bei der Akustikplanung berücksichtigen. Und wer sein vorhandenes Studio ergänzt, sollte neben dem zum Lautsprecherkauf besuchten Händler am besten auch gleich den Raumakustik-Betrieb konsultieren, der die Einrichtung beim Bau des Studios geplant hat. Wenn Sie diese Aufgabe selbst übernehmen, sind Sie hiermit wieder ganz am Anfang beim Kapitel „Raum" angekommen.

# 4. Aufbau und Verkabelung des Equipments

Ihr Studioraum ist fertig eingerichtet, die Lautsprecher sind platziert. Jetzt nur noch schnell die Geräte rein und loslegen? Ganz so einfach gestaltet sich das nicht. Wenn Sie ausschließlich einen Computer mit Plugin-Effekten und Plugin-Klangerzeugern benutzen, Ihr Audio-Interface direkt die Aktiv-Lautsprecher speist und Ihr Mikrofon ebenfalls direkt an den Vorverstärker-Eingang dieses Interfaces angeschlossen werden soll, dann dürfen Sie dieses Kapitel getrost überspringen. In allen anderen Fällen aber müssen Sie sich ein paar Gedanken zum Aufbau Ihrer weiteren Geräte machen.

## Positionierung

Um den Gedanken eines möglichst ergonomischen Arbeitsplatzes fortzusetzen, sollten Sie im kleinen Home-Studio möglichst das gesamte Equipment in Griffweite platzieren. Gelingt dies aufgrund einer bereits zu großen Anzahl von Geräten nicht, so gehören die meist genutzten in Griffweite. Professionelle Studios mit einer sehr hohen Anzahl von Audiogeräten ordnen diese oft auch nach Funktionsgruppen an, sodass sich der Engineer mit einem Stuhl auf Rollen jeweils vor den jeweiligen Bereich bewegen kann.

Wenn Sie mehrere Studiogeräte in Ihrem Setup haben, könnten Sie diese ähnlich wie die HiFi-Anlage in Ihrem Wohnzimmer einfach übereinander stellen. Das rächt sich aber spätestens, wenn ein Gerät einmal repariert werden muss. Dass Sie es umständlich zwischen den anderen wegziehen müssen, mag ja noch machbar erscheinen. Jedoch stecken auf der Rückseite der Geräte sehr viele Kabel, die dann gezerrt, gequetscht oder geknickt werden.

**Rack-Geheimtipp**

Denken Sie über den Verzicht auf Racks als Tribut an ein extrem begrenztes Budget nach, dann hilft Ihnen folgender Tipp: Sie können die Rack-Schienen zur Befestigung der Geräte auch einzeln kaufen. Diese schrauben Sie dann an die Innenseiten des Abstelltischs „Rast" von Ikea, der sich aufgrund seiner Abmessungen hervorragend als Rack zweckentfremden lässt und nicht viel kostet. Achten Sie bitte beim Einkaufen auf die Verwechslungsgefahr. Es gibt auch eine Kommode mit dem gleichen Namen, Sie aber brauchen den Abstelltisch.

Ein Gerät einzeln herausziehen zu können, ohne dass sich die Position der anderen verändert, ermöglicht nur ein Rack. Und wenn Sie derzeit noch glauben, ohne Racks leben zu können, werden Sie früher oder später welche haben wollen. Planen Sie daher besser schon gleich die Racks mit ein und bestellen Sie bei Geräten, die kein Rack-Gehäuse haben, am besten auch gleich die Rack-Winkel mit, bevor es diese später nicht mehr gibt.

Bedenken Sie bereits in den Anfängen der Planung Ihres Home-Studios, dass dieses im Laufe der Zeit größer werden wird. Am besten sehen Sie gleich Racks vor für die doppelte oder dreifache Anzahl von Hardware-Geräten, die Sie sich heute vorstellen können. Die leeren Plätze im Rack bestücken Sie zunächst mit Leerblenden. Das sieht gut aus und lässt Raum für spätere Erweiterungen, die mit 100 Prozent Sicherheit kommen werden und die sonst schnell zum organisatorischen und meist auch technischen Chaos führen.

Auch schon kleinere Aufbauten als dieser sollten unbedingt in Racks montiert werden.

**Unscheinbare Scheiben**

Wenn Sie Ihre Geräte ins Rack einbauen, dann achten Sie bitte darauf, dass sich die Metallgehäuse der Geräte nicht berühren. Sehr flache Gummifüße zum Ankleben helfen dabei, dass die Ober- und Unterseiten der Geräte voneinander isoliert sind. Damit die elektrisch leitende Verbindung nicht über die Befestigungsschrauben der Rack-Schienen entsteht, sind unbedingt Kunststoff-Scheiben zu verwenden. Diese gibt es im Fachhandel beispielsweise unter dem lustigen Namen Humfrees. Das an den bekannten Pop-Sänger der 1970er-Jahre erinnernde Wortspiel bedeutet auf Englisch soviel wie „brummfrei“.

Auf diesem Bild geht es um die Schrauben: Man beachte die Unterlegscheiben aus Kunststoff.

# Netzanschluss

Gerade bei kleineren Studios lohnt es sich, zunächst auf das Typenschild jedes einzelnen Audiogeräts oder externen Netzteils zu schauen und dort die aufgenommene Leistung abzulesen. Wenn Sie alle abgelesenen Werte addieren und auf nicht mehr als 1500 Watt kommen, dann schließen Sie alle Ihre Geräte über eine lange Mehrfach-Steckdosenleiste an eine einzige Steckdose in Ihrem Studioraum an.

Bei einem größeren Setup klappt das nicht, weil schlicht und einfach der zugehörige Leitungsschutzschalter in der nächsten Unterverteilung auslösen würde – oder umgangssprachlich: Die Sicherung fliegt raus. Wenn Sie die Netzanschlüsse Ihrer Geräte aber auf mehrere Stromkreise verteilen müssen, gibt es einiges zu beachten. Zunächst einmal stellen Sie sicher, dass sich die benutzten Steckdosen auch wirklich in unterschiedlichen Stromkreisen befinden, also separate Leitungsschutzschalter in der Unterverteilung aufweisen. In den meisten Fällen sind nämlich die Steckdosen innerhalb eines Raumes auch in einem Stromkreis. Sie können das leicht mit einer Handlampe überprüfen, indem Sie diese nacheinander in die in Frage kommenden Steckdosen stecken und dann durch Ausschalten der Stromkreise am Verteiler die Zugehörigkeit zum Stromkreis feststellen. Wenn es nur einen gibt, muss der Elektriker her, was aber gar nicht so schlimm ist. Dann kann er nämlich die Stromkreise für Ihr Studio gleich so anklemmen, dass sie sich auf der gleichen Phase befinden.

Eine typische Haus-Elektroinstallation verfügt über drei Spannung führende Leitungen, die als Phasen bezeichnet werden. Die Bezeichnung stammt daher, dass die sinusförmige Netzspannung von 230 Volt auf den drei Leitungen gegeneinander um jeweils 120 Grad in der Phasenlage gedreht ist. Das benötigen starke Maschinen und Motoren, für Ihr Studio ist es jedoch von Nachteil: Durch die gedrehte Phasenlage hervorgerufene Potenzialunterschiede können zu Brummen führen, insbesondere bei nicht ganz sauberer Erdung beziehungsweise Nullung. Häufig kann dann auch eine Spannung zwischen den Gehäusen verschiedener Geräte gemessen werden oder auch zwischen den Gehäusen der Geräte und einer Heizungs- oder Wasser-Leitung.

Befinden sich ihre Studiogeräte alle auf derselben Phase, haben Sie damit schon mal keine Probleme. Wenn Ihr Elektriker noch ein bisschen Zeit und Muße hat, ist es übrigens eine gute Idee, die anderen Stromkreise auch noch umzuverdrahten: Nämlich so, dass nichts anderes auf der für das Studio genutzten Phase angeschlossen ist. Nur allzu oft hört man nämlich auf der Gesangsaufnahme eines Heimstudios, wenn gerade der Kühlschrank anspringt.

Haben Sie es geschafft und verfügen über eine Elektroinstallation, bei der die Phase 1 dem Studio vorbehalten ist und sich der Rest der Haushalts-Elektrik die Phasen 2 und 3 teilt, dann teilen Sie Ihre Studiogeräte bitte so auf die Studio-Stromkreise auf, dass an keinen mehr als ungefähr 1500 Watt angeschlossen sind. Zwar kann ein heute üblicher Stromkreis mit 16 Amp re auch das Doppelte aushalten, aber beim Einschalten Ihrer Geräte könnte durch die hohen Einschaltströme doch wieder der Leitungsschutzschalter auslösen.

**Ordnung halten**

Verlegen Sie alle Netzkabel am besten nur an einer Seite des Racks. Für die weitere Kabelführung bis zur Steckdose ordnen Sie die Netzkabel am besten immer in einem gemeinsamen Strang an. Auch ein Kabelkanal ist eine gute Idee.

Audiokabel gehören keinesfalls mit in den gleichen Kanal, sondern müssen mit mindestens 10 Zentimetern Abstand verlegt werden. Ein möglichst weit entfernter, separater Kanal ist beispielsweise eine Lösung. Hinter den Racks wählen sie einfach die andere Seite.

Wenn sich Audio- und Netzkabel kreuzen müssen, dann unbedingt nur senkrecht. Und Digitalkabel, auch wenn es sich um digitale Audiosignale handelt, sind nochmals separat anzuordnen, denn sie können von Netzkabeln gestört werden und in alle anderen Arten von Kabeln üble Störungen einstreuen.

**Ordnung hinter dem Rack dient nicht nur dem Überblick, sondern auch der Funktion.**

## Vermeiden von Störungen

Wenn Sie die Netz-Verkabelung fertig haben, können Sie sich ans Anschließen der Audiokabel begeben. Genau genommen noch nicht ganz, denn zuerst kommt der Solo-Auftritt Ihrer Aktivlautsprecher an die Reihe. Haben Sie passive Lautsprecher und eine Endstufe, so müssen Sie die Endstufe natürlich ins Rack einsetzen und die Lautsprecherkabel anschließen. Und dann schalten Sie mal ein und spitzen Sie die Ohren: Selbst bei der billigsten Endstufe vom Elektronik-Discounter darf es nun allerhöchstens ganz leise rauschen. Brummt es statt dessen, haben Sie ein Problem mit einer Einstreuung. Um eine Brummschleife kann es sich nicht handeln, denn Sie haben ja noch keine zwei Audiogeräte miteinander verbunden.

Die Einstreuung kommt mit großer Wahrscheinlichkeit von der Beleuchtung Ihres Studioraums: Dimmer mit Phasenanschnitt-Steuerung, Halogen-Beleuchtung mit billigen Transformatoren oder Leuchtstofflampen sind in vielen Fällen die Übeltäter. Bevor Sie mit der Studio-Verkabelung weiter fortschreiten, müssen Sie das Problem unbedingt lösen, beispielsweise durch Umrüsten der Beleuchtung auf Glühlampen, Austausch der Halogen-Transformatoren gegen hochwertige oder Abschirmung derselben mit MU-Metall. Stört nicht die Beleuchtung, sondern ein anderer Verbraucher in Ihrem Haushalt, muss auch hier zunächst das Problem beseitigt werden. Versuchen Sie auch, störende Verbraucher an eine andere Netzphase anzuschließen, und probieren Sie die Wirkung durch Ein- und Ausschalten aus. Erst, wenn Ihre Endstufe absolut brummfrei ist, dürfen Sie mit der Verkabelung Ihres Studios weitermachen.

## Messen der Masse

Vor dem Anschluss der Audiokabel eines jeden Gerätes prüfen Sie zuerst dessen Masseverhältnisse. Dazu messen Sie mit einem Ohmmeter den Widerstand zwischen dem Schutzkontakt des Netzsteckers (oder dem mittleren Anschluss an der Kaltgerätebuchse) und dem Gehäuse. Wenn Sie einen Wert von 0 Ohm messen, dann ist das Gehäuse mit Schutzleiter verbunden, ansonsten ist es nicht verbunden. Notieren Sie sich auf einem Zettel oder einem Aufkleber auf der Rückseite des Gerätes, ob das Gehäuse mit dem Schutzleiter verbunden ist oder nicht.

Als nächstes messen Sie den Widerstand zwischen dem Schutzleiter und der Schaltungsmasse. Diese finden Sie am Schaft eines Klinkensteckers, am

Ring einer Cinch-Buchse oder an Pin 1 einer XLR-Buchse. Messen Sie hier einen Wert von 0 Ohm, so wissen Sie dass Schaltungsmasse und Schutzleiter verbunden sind. Auch dies notieren Sie bitte auf dem Aufkleber.

Bei der Gelegenheit können Sie auch gleich den Widerstand zwischen Masse und dem Ring einer symmetrisch beschalteten Klinkenbuchse oder zwischen Pin 1 und 3 einer XLR-Buchse messen. Ist dieser kleiner als 150 Ohm, liegt der Verdacht nahe, dass die Buchsen nur pseudosymmetrisch beschaltet sind.

**Die richtige Masse-Messung**

Für die Messung des Widerstands zwischen dem Schutzkontakt des Netzsteckers und dem Gehäuse können Sie jedes Digital-Multimeter nehmen, das einen Messbereich „Ohm“ aufweist. Das Sonderangebot aus dem Baumarkt für 10 Euro reicht dazu vollkommen aus. Selbstverständlich messen Sie am ausgeschalteten Gerät mit gezogenem Netzstecker. Wenn Sie sich nicht sicher sind, wo das Gehäuse eine für die Messung taugliche, leitende Stelle aufweist, nehmen Sie den Rahmen einer XLR-Buchse oder drehen eine Schraube aus dem Gehäuse und messen dann dort. Nehmen Sie bitte nicht den äußeren Anschluss einer Klinken- oder Cinch-Buchse, denn damit messen Sie den Widerstand zwischen Schutzkontakt und Schaltungsmasse. Diesen müssen Sie zwar ebenfalls messen, aber es ist wichtig, dass Sie beide Ergebnisse nicht miteinander verwechseln.

## Es geht weiter

Bisher ist nur Ihre Endstufe angeschlossen. Aber jetzt kommt endlich das Mischpult oder das Audio-Interface an die Reihe. Gehen Sie aber bitte nicht zu voreilig ans Werk: Zuerst dürfen Sie nämlich ausschließlich das Netzkabel einstecken. Nun schalten Sie das Pult ein und prüfen durch Anschluss eines Kopfhörers, ob eventuell schon das Pult selbst ein Störsignal führt. Ist dies der Fall, könnte es sein, dass sich die Netztransformatoren von Endstufe und Pult gegenseitig stören. Verändern Sie in diesem Fall die räumliche Anordnung der beiden und beobachten Sie, ob sich die Störung verringert. Finden Sie in diesem Falle die optimale Position.

Sie können testweise auch die Endstufe einmal ganz ausschalten. Brummt es im Kopfhörer dann immer noch, denken Sie bitte wieder an alle Störmöglichkeiten wie beispielsweise die Beleuchtung, denn es kann ja sein, dass diese auf die Endstufe nicht störend wirkten, auf das Pult jetzt aber schon. Und wenn es nicht an einem äußeren Einfluss liegt, kann das Pult auch intern einen Fehler aufweisen. Einige Geräte, allen voran größere Analog-Mischpulte, haben oft ein fehlerhaftes Massekonzept im Inneren. Das ist dann ein Fall für den Service-Techniker.

Ist alles in Ordnung, schalten Sie das Pult wieder aus und verbinden nun seinen Monitorausgang mit dem Eingang der Endstufe. Nach dem erneuten Einschalten folgt die Hörprobe. Wenn sowohl die Ausgänge des Pultes als auch die Eingänge der Endstufe symmetrisch sind und die Masse-Pins der Stecker nur mit der Abschirmung der Kabel, dem Gehäuse und dem Schutzkontakt verbunden sind, nicht aber mit der Signalmasse, dann brummt jetzt auch nichts. Wenn es doch brummt, ist zunächst der Fehler zu beheben. Im nächsten Abschnitt beschäftigen wir uns genauer mit der Fehlerbehebung. Ist aber alles in Ordnung, bauen Sie das nächste Gerät ein und führen bei diesem auch wieder alles durch, was Sie bisher gelesen haben. Die Reihenfolge der Arbeitsschritte ist dabei immer gleich und in der nebenstehenden Checkliste noch einmal aufgeführt. Beim Einbau eines Gerätes ohne eigenen Kopfhörerausgang ist übrigens ein kleiner, per Batterie betriebener Kopfhörerverstärker eine große Hilfe, denn mit ihm können Sie das Signal des Line-Ausgangs abhören, ohne diesen irgendwo anders anschließen zu müssen.

**Checkliste zum Einbau eines Gerätes**

Bei jedem weiteren ins Rack einzubauenden Gerät gehen Sie immer gleich vor:

1. Massen durchmessen,
2. ans Netz anschließen,
3. prüfen, ob das Gerät allein Störgeräusche macht (Kopfhörer, Line-Ausgang),
4. prüfen, ob Einstreuungen von anderen Geräten bestehen,
5. wenn ja: räumliche Position ändern, Störquellen beseitigen,
6. Audioverbindungen anschließen,
7. prüfen, ob es nun Störgeräusche gibt,
8. eventuelle Fehler beheben,
9. erst, wenn alles brummfrei ist, das jeweils nächste Gerät anschließen.
10. Ist es nicht brummfrei zu bekommen: Gerät ausbauen und erst ohne weitermachen.

Bei diesem Vorgehen wird später die ganze Anlage brummfrei sein.

**Brummen nicht im Audiosignal**

Ist die Lautstärke des Brummens unabhängig von der eingestellten Abhörlautstärke, sollten Sie einmal das letzte Gerät in der Monitor-Signalkette ausschalten, also die Endstufe oder die Aktivlautsprecher. Brummt es dann immer noch, ist das Brummen im Signal gar nicht enthalten. Es kann nämlich auch von losen Trafo-Blechen im Inneren eines Gerätes kommen. Ältere Oberheim Matrix 1000 in der Rack-Version sind beispielsweise bekannt dafür, dass dieses Problem auftritt.

Da unser Ohr tiefe Frequenzen nicht orten kann, fällt es nicht gleich auf, wenn das Brummen gar nicht aus dem Lautsprecher kommt. Gehen Sie mit dem Ohr ganz nah an jedes Gerät heran und lokalisieren Sie den Übeltäter. Wenn Sie dann nur dieses Gerät ausschalten und das Brummen ist weg, schrauben Sie es gleich aus dem Rack und bringen es dem Service-Techniker Ihres Vertrauens. Nur der Austausch des Netztrafos kann nämlich dieses Brummproblem lösen.

## Brummfehler beheben

Wenn Sie ein weiteres Gerät anschließen, das für sich allein brummfrei ist und beim Anschluss der Kabel ein Brummen verursacht, müssen Sie vor allen weiteren Arbeitsschritten erst den Fehler finden. Bleiben wir zunächst bei unserem Beispiel mit dem Mischpult und der Endstufe. Hier ist die Sache noch relativ einfach, denn bei korrekter Beschaltung der Massen brummt hier nichts. Im Umkehrschluss ergibt sich daraus eine simple, aber leider bittere Erkenntnis: Wenn es nämlich doch brummt, sind die Anschlüsse im Inneren der Geräte falsch!

Sollte Ihnen das merkwürdig vorkommen, müssen Sie wissen, dass eine korrekte Erdungsführung zumindest im unteren Preissegment bei den wenigsten Geräten eingehalten wird. Sehr häufig sind Schutzleiter und Signalmasse verbunden, weil der Zielkonflikt zwischen extrem niedrigen Herstellungskosten und Einhaltung der geforderten Störfestigkeit und Störaussendung nach EN-, FCC- und ähnlichen Normen auf diese Weise am einfachsten gelöst werden kann.

Ist wenigstens eines der beiden Geräte korrekt beschaltet, brummt es nicht, weil sich noch keine Brummschleife ergeben kann. Sind beide falsch beschaltet, brummt es, weil eine doppelte Masseverbindung über den Schutzleiter und die Abschirmung des Signalkabels vorliegt. Da kann man nur hoffen, dass mindestens eines der Geräte über einen Groundlift-Schalter verfügt, denn dieser trennt die Abschirmung von der Schaltungsmasse. Aktivieren Sie ihn, und das Brummen ist weg.

**Richtige und falsche Beschaltung**

Erstaunlich viele Geräte verfügen zwar über symmetrische Ein- und Ausgänge, aber nicht über eine korrekte Beschaltung der Massen. Schutzerde und Abschirmung der Signalkabel dürfen zusammenhängen, die Signalmasse jedoch soll nicht damit verbunden sein.

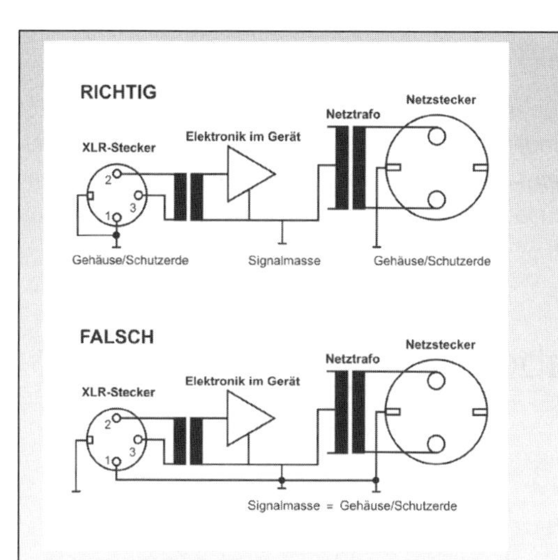


Liegt eine solche Konstruktion vor, findet sich zum Glück oft ein Groundlift-Schalter. Dieser kann entstehende Brummschleifen zwar unterbrechen, eine korrekte Beschaltung liegt aber auch bei Aktivierung dieses Schalters nicht vor.

## Groundlift-Schalter

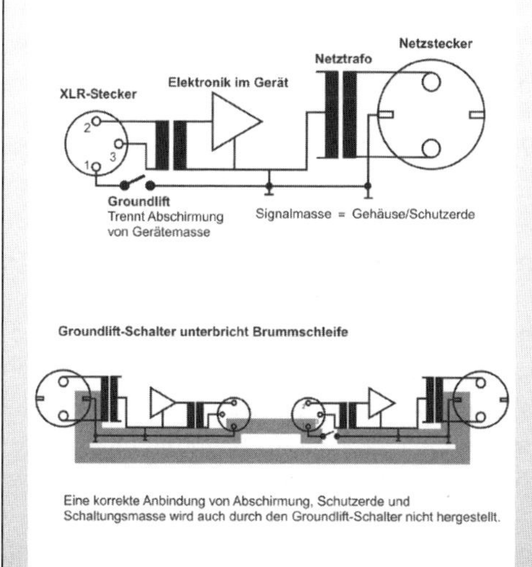


Eine korrekte Anbindung von Abschirmung, Schutzerde und Schaltungsmasse wird auch durch den Groundlift-Schalter nicht hergestellt.

## Murphys Gesetz

Sie finden sich in der Situation wieder, dass beide Geräte falsch beschaltet sind, aber keines einen Groundlift-Schalter hat? Seien Sie ehrlich: Frei nach Murphy kann es doch gar nicht anders sein! Aber auch diese Situation bekommen Sie in den Griff. Dazu löten Sie sich am besten vier Testkabel, wie es das untenstehende Bild zeigt.

Testkabel

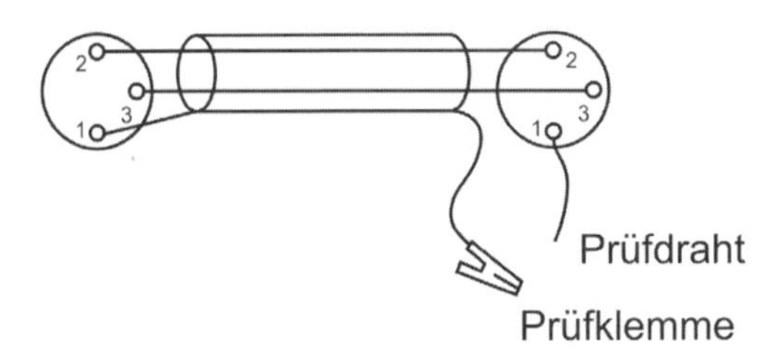


**4 Kabel löten, je XLR male auf female**
2 Kabel mit Klemme und Prüfdraht auf Seite "male"
2 Kabel mit Klemme und Prüfdraht auf Seite "female"
Ergibt einfaches, aber wirkungsvolles Test-Set

Mit diesen können Sie herausfinden, an welcher Stelle Sie den Groundlift in die Anschlusskabel einbauen können. Denn das ist möglich. An dieser Stelle zeigt sich allerdings einmal mehr, wie hilfreich es ist, wenn der Heimstudio-Betreiber nicht nur Musiker ist, sondern auch das heiße Ende eines Lötkolbens vom kalten unterscheiden kann. Trifft dies auf Sie nicht zu, bedeutet das zwar immer noch nicht, dass Sie die Flinte ins Korn werfen müssen, jedoch werden Sie Hilfe vom nächsten Musikladen mit eigener Werkstatt oder von einem Radio- und Fernsehtechniker benötigen. Den Test schaffen Sie aber trotzdem noch alleine, denn statt der Prüfkabel aus eigener Fertigung kaufen Sie sich einfach zwei Groundlift-Adapter, die Sie beispielsweise aus dem Katalog des Kabelherstellers Cordial bestellen können, und verbinden diese mit normalen XLR-Kabeln.

Verbinden Sie die Geräte mit Hilfe der Testkabel und schließen Sie die Prüfklemmen beziehungsweise die Groundlift-Adapter. Erwartungsgemäß brummt es jetzt wie vorher. Öffnen Sie nun die Prüfklemmen. Wenn das Brummen aufhört, haben Sie die Lösung gefunden. Trotzdem führen Sie bitte noch einen weiteren Test durch: Halten Sie die offene Klemme an das Gehäuse des Gerätes. Wenn es jetzt nicht brummt, hat nicht etwa die Signalmasse des Gerätes eine Verbindung zum Gehäuse, sondern nur der Pin 1 der XLR-Buchse ist falsch beschaltet.

Mit diesem Testergebnis löten Sie sich nun das richtige Kabel. Löten Sie den Schirm an der Stelle vom Anschlussstecker ab, an der sie eine Prüfklemme öffnen mussten. Hat es beim zweiten Test, bei dem Sie die Prüfklemme ans Gehäuse gehalten haben, nicht gebrummt, dann löten Sie den Schirm am vierten, bisher offenen Anschluss des XLR-Steckers wieder an. Hat es hingegen gebrummt, lassen Sie die Schirmung offen, indem Sie das abgelötete Ende mit einem Stück Schrumpfschlauch isolieren.

## Asymmetrische Verbindungen

Haben Sie in Ihrem Studio ausschließlich Geräte mit Schutzleiter und XLR-Verbindungen, bekommen Sie Ihr Studio mit den bisher gelesenen Informationen brummfrei. Während es diese Situation in professionellen Studios durchaus häufig gibt und sie in Radio- und TV-Studios sogar gefordert wird, sind stellen XLR-Verbindungen im Home Studio meist nur den kleineren Anteil aller Kabelwege dar.

Bei asymmetrischen beschalteten Anschlüssen, die fast immer als Cinch- oder Mono-Klinkenbuchsen ausgeführt sind, ergibt sich der Sonderfall, dass die Signalmassen der Geräte immer durch die Audioleitung verbunden sind. Damit entstehen Brummprobleme schon bei einem Verbund aus wenigen Geräten, da die Masse generell auf unterschiedlichen Wegen verkabelt ist, wenn man nicht Abhilfe schafft.

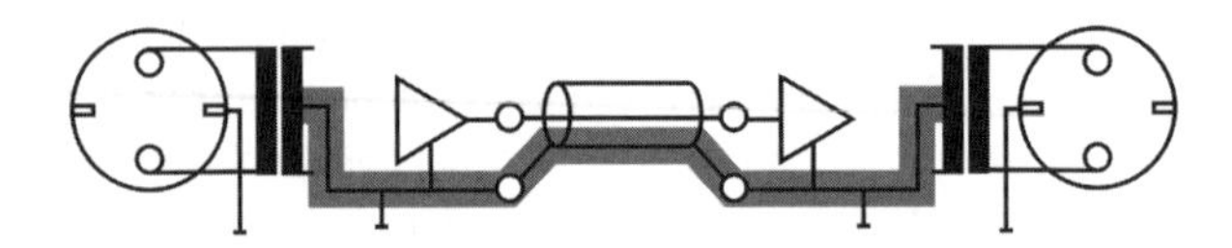

Im Gegensatz zur symmetrischen Verbindung benötigt die unsymmetrische eine Verbindung der Signalmassen

Asymmetrische Verbindung

## Die bittere Wahrheit

Eine mögliche Abhilfe besteht darin, gezielt Masseverbindungen aufzutrennen und zu hoffen, dass die verbleibenden Verbindungen für eine korrekte Signalübertragung ausreichen. Das Entbrummen nach dieser Methode ist aber immer eine Grauzone, zumal nur durch Experimentieren herauszufinden ist, wo man am besten auftrennen sollte. Aber Vorsicht bei zu frühen Erfolgserlebnissen: Meist sind trotz vermeintlicher Brummfreiheit dennoch Brummschleifen da. Das Brummen ist nur so leise, dass es nicht weiter auffällt. Freilich tickt hier eine Zeitbombe, wenn das Studio später noch erweitert werden soll. Und auch bei mehrfachen Kopiervorgängen hört man das Brummen eventuell doch.

Lange und eventuell noch variable Effektgeräte-Ketten führen immer zu Brummschleifen, weil die Leitungen weit auseinander liegen und es sich um unterschiedliche Verbindungen handelt. Charakteristisch ist, dass die einzelnen Verbindungen zunächst kein Brummen erzeugen, erst bei der komplexen Beschaltung entsteht die Schleife. Hier wird die Entscheidung, an welcher Stelle der Schirm aufgetrennt wird, zum Pokerspiel: Ist die Verkabelung nämlich variabel, kann es vorkommen, dass nicht mehr alle Konfigurationen funktionieren.

Zum Handwerkszeug eines Studiotechnikers gehören daher Splitboxen und Trennadapter. Letztere führen die Anschlüsse einer asymmetrischen Audioverbindung auf Buchsen heraus, die mit Büschelsteckern verbunden werden können. So lässt sich bei Bedarf die Abschirmung unterbrechen, später aber auch wieder stecken. Eine Splitbox hingegen enthält einen Übertrager und sorgt für eine galvanische Trennung. Sie stellt eine gute Lösung dar, ist in vernünftiger Qualität aber wiederum nicht ganz billig.

Es bleibt also dabei: Die bestmögliche Installation wird durch vollständigen Verzicht auf asymmetrische Verkabelung erreicht. Das ist auch der oben bereits erwähnte Grund, dass in Radio- und TV-Studios ausschließlich die symmetrische Anschlusstechnik gefordert wird. Für den Hobby-Anwender bleibt das Problem, dass diese Variante unerreichbar teuer ist und für viele Geräte wie beispielsweise Hardware-Synthesizer schlichtweg keine symmetrische Option verfügbar ist.

**Eine Mehrfach-Verbindung erfordert planvolles Vorgehen**

# Der lötende Musiker

Wenn dennoch asymmetrisch verkabelt werden soll, werden wir zu Tricks und : Optimierungen greifen müssen. Auch hier zeigt sich wieder, dass der Umgang mit dem Lötkolben handfeste Vorteile für Hobbymusiker bringt. Viele der notwendigen Maßnahmen kosten fast kein Geld an Material, werden jedoch unerschwinglich, wenn man den Stundenlohn eines Servicetechnikers bezahlen muss.

In ihrem Inneren arbeiten Geräte grundsätzlich asymmetrisch. Tun wir es ihnen gleich und bauen das ganze Studio nach dem Prinzip auf, das sie intern verwenden: Wir bauen eine Hauptmasseleitung! Wenn die Trennung von Masse und Schirm nicht galvanisch erfolgen kann, erledigen wir das organisatorisch: Es gibt jeweils nur eine dicke Masseleitung, wodurch wirkungsvoll jede Schleife verhindert wird. Und die Abschirmungen werden generell nur noch an einer Seite angelötet.

Der beste Weg ist, jedes Gerät mit einem eigenen Masseanschluss nur für diesen Zweck zu versehen. Als Leiter für die zentrale Masse sollte dann ein Lautsprecherkabel mit mindestens 2 Quadratmillimetern Querschnitt verwendet werden.

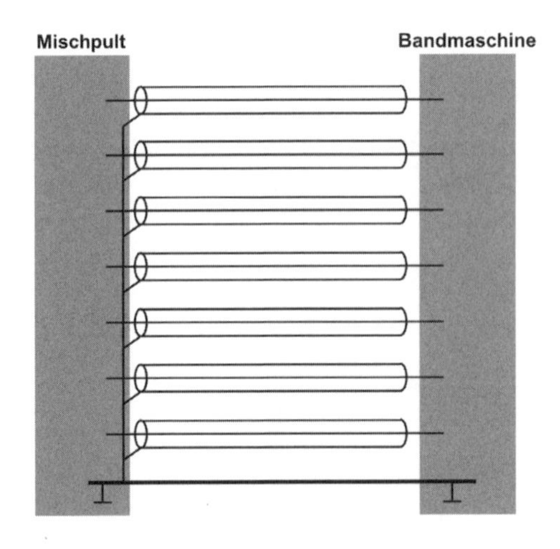


Die Hauptmasseleitung entspricht dem Prinzip, mit dem auch im Inneren von Geräten gearbeitet wird.

**Studioinstallation mit Hauptmasseleitung**

## Nah am Ideal

Wer die Kosten nicht scheut und alle Geräte, die es mit symmetrischen Ein- und Ausgängen gibt, auch in dieser Variante anschafft, wird sich in einer Situation wiederfinden, in der nur wenige verbleibende asymmetrische Geräte in einer sonst vollständig symmetrischen Studioumgebung eingesetzt werden. Hier ist die Lösung klar: Die asymmetrischen Außenseiter werden extern symmetriert.

Am besten geht das mit Übertragern, die es auch im Steckergehäuse zu kaufen gibt. Bei mobilem Einsatz stört das hohe Gewicht, in jedem Fall stört der hohe Preis. Die günstigere Möglichkeit ist eine elektronische Symmetrierung, die aber den Nachteil der fehlenden galvanischen Trennung aufweist. Dafür punktet diese Lösung mit dem vergleichsweise günstigen Preis und der Verfügbarkeit von mehrkanaligen Geräten, die mehrere Ein- und Ausgänge im 19"-Gehäuse beinhalten. Wofür auch immer Sie sich entscheiden, schließen Sie die asymmetrischen Geräte mit möglichst kurzen Kabeln an, prüfen Sie die Brummfreiheit und betrachten Sie die symmetrische Seite des Zauberkastens fortan als die Ein- und Ausgänge der angeschlossenen Geräte. Ganz nebenbei können einige der auf dem Markt angebotenen Symmetrierstufen auch Pegel von -10dBV an +4dBu anpassen.

## Spartanisch

Haben Sie eine extrem kleine Installation, diese aber hauptsächlich mit asymmetrischen Anschlüssen, könnte für Sie allen Regeln zum Trotz eine vollständig asymmetrische Beschaltung die Lösung sein. Es ist nämlich immer möglich, symmetrische Anschlüsse auch asymmetrisch zu betreiben. Dazu legen Sie bei Eingängen Pin 3 auf Masse, bei Ausgängen müssen Sie allerdings aufpassen: Bei einigen Exemplaren muss Pin 3 offen bleiben, bei anderen auf Masse gelegt werden. Hier hilft meist ein Blick in die Bedienungsanleitung, notfalls befragen Sie einen Servicetechniker oder den Hersteller. Nur am Konzept des Ausgangs kann man es übrigens nicht festmachen: Elektronisch symmetrierte Ausgangsschaltungen müssen nämlich in der Regel offen bleiben, jedoch verfügen einige dieser Schaltungen über eine Servo-Funktion, die am kurzgeschlossenen Pin 3 den Wunsch nach Asymmetrie erkennt und automatisch den Pegel umschaltet.

Es versteht sich von selbst, dass Sie symmetrische Geräte mit asymmetrischer Beschaltung nur in kleinsten Installationen einsetzen sollten, denn Sie verlieren deren Vorzüge und müssen sich wieder um Dinge wie Massetrennung oder Hauptmasseleitungen kümmern.

**Radio Eriwan**

Ist Rundfunk im Hintergrund hörbar, wirken meist ungeschirmte Leitungen als Antenne, und das Signal wird an einer nichtlinearen Kennlinie demoduliert. Abhilfe schafft Kupfer als Erdungskabel und zentrale Erdungsschiene, denn es hat auch bei hohen Frequenzen einen geringen Widerstand. Den abgetrennten Schirm einer Audioleitung kann man über einen Kondensator zwischen 4,7 und 10 nF an Masse legen und erzeugt so einen Kurzschluss für Radiowellen, während der Widerstand im Niederfrequenzbereich groß genug ist.

## Gemischte Verkabelung

In der Praxis werden Sie sich in einer Situation wiederfinden, in der Sie so viel wie möglich symmetrisch verkabeln, den Rest aber asymmetrisch ausführen. Beschränkt sich der asymmetrische Teil auf abgeschlossene Bereiche, haben Sie meist Glück. Durchmischen sich die Anschlussarten aber durch Ihr ganzes Studio, sind Sie ein Fall für den „Königsweg“: Ein zentrales, symmetrisches Steckfeld mit Hauptmasse-Anschluss.

Aber seien Sie beruhigt: Sie müssen jetzt nicht gleich zur sündhaft teuren TT-Variante greifen, Steckfelder mit 6,3-Millimeter-Stereo-Klinke tun es ganz genauso. Was wirklich etwas bringt: Jedes neue Steckfeld schrauben Sie als erstes auf und verbinden alle Massen der Steckfeld-Buchsen mit einem dicken Kabel und dieses wiederum mit der Hauptmasse des Studios.

Symmetrische Geräte schließen Sie ganz normal an. Asymmetrische Geräte werden generell ebenfalls mit Kabeln angeschlossen, die zwei „heiße“ Adern haben. Deren Abschirmung wird konsequent immer nur an der Seite des Steckfeldes angeschlossen und bleibt geräteseitig offen. Alle Gehäuse müssen an die Schutzerde angeschlossen werden. Verfügt ein Gerät über einen Eurostecker, hat aber ein Metallgehäuse, so ist dieses zusätzlich zu erden. Für asymmetrische Geräte gibt es nun vier Sorten Kabel, von denen eines immer zum brummfreien Ziel führt.

Das einfache Klinkenkabel schaltet die geräteseitige Mono-Klinke zwischen Pin 2 (Spitze) und Pin 3 (Schaft) bei offener Abschirmung des Kabels. Es ist leicht zu erkennen, dass es sich hier um das an die Regel des offenen Schirms angepasste Standard-Kabel handelt. Das Widerstands-Kabel entkoppelt die Masse von Pin 3 über einen Widerstand von einem Kiloohm, und das offene Kabel trennt die Masse vollständig. Viertes Kabel im Bunde ist das Übertrager-Kabel, das eine vollständige galvanische Trennung gewährleistet.

Gemischte Systeme

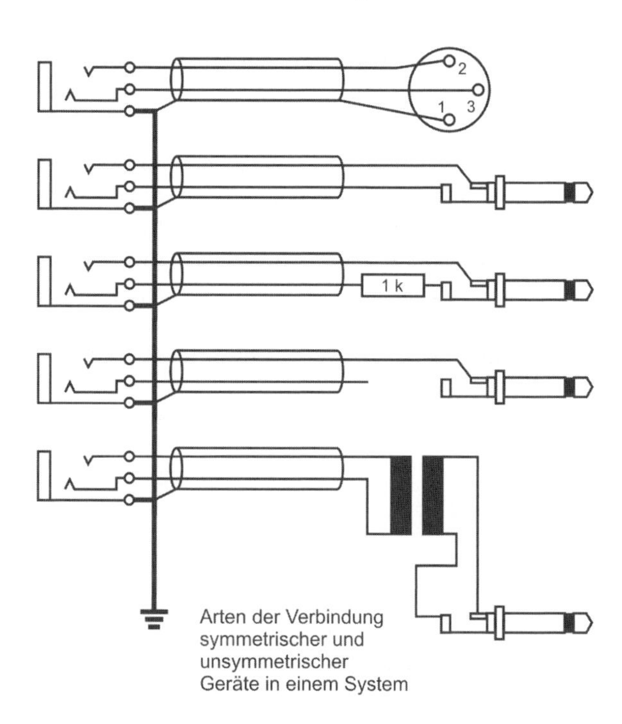


**Konsequente Einbindung asymmetrischer Geräte über symmetrisches Steckfeld**

**Die Schutzleiter-Falle**

Noch immer hält sich in Musikerkreisen der Tipp, bei Brummproblemen den Schutzleiterkontakt am Netzkabel abzukleben. Zum Glück hilft das meistens nicht, in manchen Fällen aber klappt es und ist dann vermeintlich die einfachste Möglichkeit. Machen Sie dies aber bitte in gar keinem Fall! Ohne Schutzleiter kann im Fehlerfall tödliche Netzspannung am Gehäuse anliegen. Und Ausreden gibt es keine. Selbst dann nicht, wenn das Gehäuse aus Kunststoff ist, denn der Konstrukteur wird einen Grund gehabt haben, trotzdem ein Netzkabel mit Schutzleiter einzusetzen. Meist liegt der Grund in den EMV-Richtlinien, und der Schutzleiter ist intern mit der Signalmasse verbunden. Was nichts anderes bedeutet, als dass bei abgeklebtem Schutzleiter im Fehlerfall auch Netzspannung an der Metallhülse eines Kopfhörer-Steckers oder gar am Metallbügel des Kopfhörers selbst anliegen kann. Bei E-Gitarren sind die Saiten zur Abschirmung der Tonabnehmer mit der Masse des Gitarrenverstärkers verbunden. Bei abgeklebter Netzerde kann das den Tod des Gitarristen bedeuten, wenn er die Saiten anfasst!

Neben der Problematik an sich ist auch die rechtliche Seite nicht außer Acht zu lassen: Kleben Sie den Stecker ab und in Ihrem Studio kommt es zu einem Schaden, wird dieser von keiner Haftpflichtversicherung übernommen. Kommt der zu Gast spielende Gitarrist zu Schaden, können Sie sich darauf einstellen, dass für den Rest Ihres Lebens entsprechende Zahlungen auf Sie zukommen. Stirbt er gar, müssen Sie sich mindestens wegen grob fahrlässiger Tötung verantworten.

## Die letzten Möglichkeiten

Wenn Sie bei der Eliminierung von Brummproblemen bis zu dieser Stelle gekommen sind, sollte in den allermeisten Fällen bereits Ruhe herrschen. Ist dies nicht der Fall, haben Sie es mit einem jener Störenfriede zu tun, die einen zweiten Blick auf das Problem nötig werden lassen. Ein Problemfall, vor dem schon viele Brumm-Exorzisten kapituliert haben, sind Geräten mit Eurosteckern oder Steckernetzteilen. Hier kann die Brummschleife nämlich nicht über den Schutzleiter gebildet werden, weil dieser schlichtweg nicht vorhanden ist. Gleichzeitig führen die beschriebenen Versuche mit den Abschirmungen aber auch nicht zum Ziel. Der Grund besteht darin, dass gerade bei nur zweikanaligen Geräten die Abschirmungen der Stereo-Verbindungen nur höchst unwahrscheinlich eine Brummschleife bilden, da ihre elektrischen Eigenschaften nicht allzu unterschiedlich ausfallen. Wenn auch das im Kasten auf der folgenden Seite beschriebenene Vorgehen bei den Steckernetzteilen nicht zum Ziel führt, sind weitergehende Gedanken angebracht.

Besonders gern werden Steuerleitungen unterschätzt. Sidechain-Eingänge bei Kompressoren führen zwar kein Signal, das später hörbar sein wird, zu Brummschleifen können sie aber ebenfalls beitragen. Ansonsten vollständig mit symmetrischen Anschlüssen bestückte Mischpulte haben häufig asymmetrische Inserts. Wenn diese dann noch für variablen Einsatz der Insert-Effekte auf ein Steckfeld aufgelegt werden, ist das Chaos oft schon vorprogrammiert. Die Methoden, so etwas in den Griff zu bekommen, haben Sie alle bereits kennengelernt, die Suche gestaltet sich hier nur besonders komplex. Führen Auftrennen der Masseverbindung und die weiteren Methoden nicht zum Ziel, kommen Sie bei diesen Verbindungen um die teuerste Variante, nämlich das Zwischenschalten von Trafo-Übertragern, nicht herum.

Nicht übersehen sollten Sie auch den ganz zu Beginn unserer Betrachtungen beschriebenen mechanischen Masseschluss. Lesen Sie dieses Kapitel, weil Sie bereits ein Studio besitzen, in dem es aber brummt, gibt es nur eine Lösung: Alle Kabel entfernen und ganz von vorn beginnen. Das bedeutet auch, dass Sie alle Geräte aus den Racks schrauben müssen. Wenn Sie diese dann nach und nach einfach nur wieder hineinschrauben, haben Sie allerdings nicht viel gewonnen. Statt dessen müssen Sie beim Einsetzen jedes einzelnen Gerätes auch prüfen, ob ein eventuelles Brummen über das Gehäuse verursacht wird und die „Humfrees“ und Gummifüße als Abstandhalter benutzen.

**Steckernetzteile**

Dass Steckernetzteile in möglichst großer Entfernung von Audiokabeln platziert werden sollten, wissen Sie schon. Haben Sie aber ein Exemplar, dessen Anwesenheit Sie dann immer noch im Nutzsignal wahrnehmen, müssen Sie umfangreichere Maßnahmen ergreifen.

Oft hilft es, einfach ein besseres Netzteil zu verwenden. Arbeitet das Audiogerät mit Gleichstrom, sind Netzgeräte mit besserer Siebung und einem elektronischen Spannungsregler häufig bereits die Lösung. Sie sind auch als 19-Zoll-Version für den Rack-Einbau erhältlich, und es gibt Ausführungen mit mehreren Netzteilen in einem Gehäuse. Keine gute Idee ist dagegen ein großes Netzteil mit sekundärseitiger Verzweigung auf mehrere Geräte, denn damit verbindet man wiederum die Schaltungsmassen.

Arbeitet das Audiogerät mit Wechselstrom, lohnt sich oft die Prüfung, ob es auch mit Gleichstrom geht. Dabei gibt es drei Möglichkeiten: Im ersten Fall kann das Gerät unmodifiziert mit Gleichstrom arbeiten. Im zweiten ist das zwar möglich, das Gerät muss aber modifiziert werden. Hier ist der Weg zum Fachmann unumgänglich, denn das Gerät muss geöffnet werden, und meist sind auch Lötarbeiten direkt auf der Platine erforderlich. Der dritte Fall ist der ärgerlichste, hier ist ein Betrieb mit Gleichstrom auch mit Modifikation nicht möglich. Der Grund besteht dann darin, dass intern noch weitere Spannungen erzeugt werden, deren Umformer den Wechselstrom benötigen.

## Verkabelung fertig

Nun haben Sie alles berücksichtigt, es stört aber immer noch? Und Sie haben auch mögliche Störungen durch Lichtanlagen geprüft, keinen Zusammenhang festgestellt, aber dennoch das Gefühl, dass bei vollständig ausgeschaltetem Licht alles besser geht? Dann sind Sie vielleicht dem Fehlerteufel ins Netz gegangen, weil Sie das Licht zur Prüfung immer vollständig eingeschaltet haben. Prüfen Sie eventuelle Wechselwirkungen aber unbedingt auch immer im halb gedimmten Zustand, denn die Dimmer arbeiten meist nach dem Prinzip des Phasenanschnitts und erzeugen nur dann Störungen, wenn sie auch wirklich dimmen. Abhilfe schaffen räumliche Trennung der Leitungen, Kreuzungen nur im rechten Winkel und ein Erdungskonzept.

Das kennen Sie nun alles schon? Recht so! Aber hoffentlich haben Sie sich auch daran gehalten, immer erst das nächste Gerät anzuschließen, nachdem vorher alles brummfrei ist. Sonst fangen Sie jetzt von vorn an.

# 5. Besonderheiten digitaler Audiogeräte

Wann immer möglich, sollten digital arbeitende Geräte auch über ihre digitalen Schnittstellen miteinander verbunden werden. Oft bleibt es aber bei dem frommen Wunsch, denn bevor Knackser die Aufnahme verderben oder das Signal gar nicht erst zu hören ist, nutzen viele resignierte Anwender dann doch lieber die analogen Anschlüsse. In komplexeren Verschaltungen lassen sich solche Probleme nur lösen, wenn man sich ein wenig mit der Theorie beschäftigt. Nach dem Lesen dieses Kapitels werden Sie in der Lage sein, jedes ein einem Heimstudio vorkommende Setup auch anschließen und synchronisieren zu können.

## Digitale Signalübertragung

Bei jeder Übertragung digitaler Audiodaten vom Ausgang eines Gerätes zum Eingang des nächsten müssen die Taktfrequenzen beider Geräte synchronisiert sein. Um diese Notwendigkeit besser verstehen zu können, schauen wir uns die digitalen Daten in vereinfachter Form ein wenig näher an. Soll beispielsweise das Ausgangssignal eines Digital-Frontends (beispielsweise ein Mikrofon-Vorverstärker mit Digitalausgang) mit 44,1 kHz auf einem Digital-Recorder oder auf einem Computer mit Digital-Eingang aufgenommen werden, so gibt der digitale Ausgang 44100 Mal pro Sekunde ein Datenpaket aus, das der Recorder oder der Computer speichern muss. Selbst wenn man beim Start der Übertragung sicherstellen könnte, dass Ausgabe und Aufnahme der Datenpakete exakt gleichzeitig erfolgen, so würde der aufnehmende Recorder nach einiger Zeit aufgrund geringer Abweichungen der Taktfrequenzen gegenüber dem ausgebenden Gerät schon einen Schritt weiter oder einen Schritt zurück sein. Dann wäre bereits eines der Datenpakete übersprungen worden, und die Übertragung wäre fehlerhaft. Dies könnte sich beispielsweise durch ein sehr lautes und unschönes Knacksen bemerkbar machen.

Eine korrekte Übertragung der Daten kann daher nur erfolgen, wenn beide Taktfrequenzen absolut identisch sind und auch nach langer Zeit nicht auseinander laufen. Da zwei unabhängige Oszillatoren diese Forderung aber nicht erfüllen können, müssen sie synchronisiert werden.

**Der Begriff Synchronisation**

Die hier betrachtete digitale Synchronisation hat nichts mit dem ebenfalls als Synchronisation bezeichneten Verfahren zu tun, das mehrere Geräte im Gleichlauf miteinander verkoppelt, um beispielsweise mehr Aufnahmespuren zu erhalten oder den Computer als Audio-Sequenzer mit externen Hardware-Drummachines laufen zu lassen. Bei der digitalen Synchronisation geht es ausschließlich um die Übertragung der Audiosignale selbst.

Wenn zusätzlich noch ein synchroner Gleichlauf der Geräte erreicht werden soll, ist auch eine zusätzliche Technik nötig, nämlich eine Verkoppelung über Timecode. Der Studiostandard ist hier SMPTE. Dieser Timecode kann beispielsweise über die MIDI-Schnittstelle als MTC (MIDI-Timecode) oder auf einer Audiospur als LTC (Longitudinaler Timecode) übertragen bzw. aufgezeichnet werden.

## AES/EBU und S/PDIF

Den meisten Anwendern ist jedoch nicht bewusst, dass eine digitale Signalübertragung ohne Synchronisation der Sampling-Frequenzen gar nicht möglich ist, denn die meisten digitalen Schnittstellen weisen sogenannte selbst synchronisierende Formate auf. Wenn Sie digital von einem Gerät zum anderen überspielen, verbinden Sie beide Geräte in den meisten Fällen über eine koaxiale oder optische S/PDIF-Schnittstelle oder über eine AES/EBU-Schnittstelle mit XLR-Steckern, und die Sache funktioniert. Das liegt daran, dass im Datenstrom der verwendeten Schnittstellen AES/EBU und S/PDIF Synchrondaten enthalten sind, welche die Taktfrequenz des aufnehmenden Recorders bestimmen und so die Synchronisation sicherstellen. Das Wiedergabegerät ist folglich der Master, der seine Taktinformation zusammen mit dem Audiosignal ausgibt. Das Aufnahmegerät ist der Slave, der sich nach dem Master richtet. Dazu liest er die Synchrondaten aus und stellt seinen Takt danach ein. Es handelt sich um einen permanenten Regelvorgang in einem PLL-Kreis (Phase Locked Loop): Der Takt wird verlangsamt, wenn er zu schnell ist, und er wird beschleunigt, wenn er zu langsam ist. Dies geschieht so exakt und schnell, dass die maximale Abweichung kleiner ist als das Zeitfenster jedes Abtastwertes, der so sicher übertragen werden kann. Die Abweichung wird als Jitter bezeichnet, jene Erscheinung in der Digitaltechnik, die ohne Veränderung der übertragenen Daten die Wellenform beeinflusst und damit hörbar ist.

Eine solche Master-Slave-Situation ergibt sich immer, wenn zwei digitale Audiogeräte miteinander verbunden sind, also auch und gerade beim Verbund aus digitalem Mischpult und Aufnahmegerät oder digitalem Frontend und Computer.

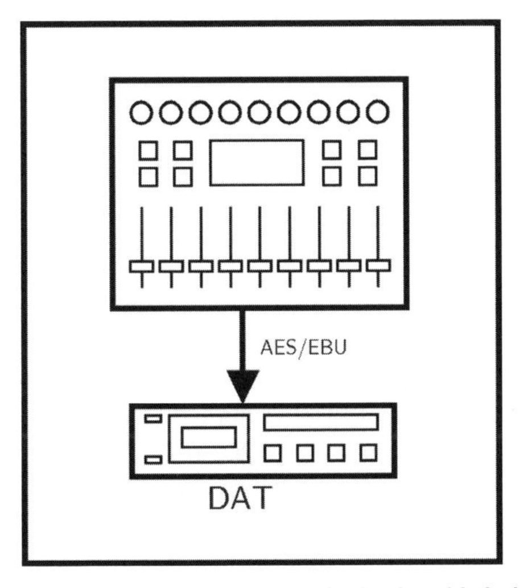


**Digitale Verbindung zwischen Mischpult und Aufnahmegerät: Dabei ist der Mischer der Master.**

**Die Abweichung beim PLL-Regelvorgang**

Stellen Sie sich vor, Sie bekommen die Aufgabe, zusammen mit einem Freund mit zwei Autos auf einer zweispurigen Straße bei gleichbleibender Geschwindigkeit exakt nebeneinander herzufahren. Diese Aufgabe werden Sie nur auf eine Weise lösen können: Der Fahrer eines der Autos schaut ständig auf den Tacho und hält die Geschwindigkeit konstant, und der andere Fahrer vergleicht beispielsweise die Positionen der Außenspiegel beider Autos und passt seine Geschwindigkeit so an, dass sie zueinader die gleiche Position behalten.

Betrachten wir dieses Vorgehen genauer, fallen uns Regelabweichungen auf. Beginnt die Tachonadel des ersten Autos nämlich zu steigen, wird der Fahrer etwas vom Gas gehen. Umgekehrt wird er etwas mehr Gas geben, wenn die Nadel fällt. Dadurch ist die Geschwindigkeit genau genommen nicht konstant, sondern sie schwankt um den Sollwert. Gleiches passiert beim zweiten Auto: Dessen Fahrer stellt Abweichungen der Spiegelposition fest und reagiert entsprechend. Seine Geschwindigkeit schwankt damit nicht mehr um den Sollwert, sondern um die bereits schwankende Geschwindigkeit des ersten Autos. Damit haben wir gezeigt, dass die Regelabweichungen bei mehreren aufeinander folgenden Stufen kumulativ sind. Und exakt so verhält es sich auch bei den selbst synchronisierenden Schnittstellen digitaler Audiogeräte.

## Größere Setups

Wenn wir unser Setup erweitern, können bis zu einer bestimmten Grenze weiterhin selbst synchronisierende Schnittstellen benutzt werden. Wo diese Grenze liegt, soll ein Beispiel demonstrieren. Stellen Sie sich vor, dass Sie auch den Ausgang Ihres Samplers (oder einen digitalen Audioausgang Ihres Computers) digital mit dem Mischpult verbinden. Der Takt des Digital-Recorders richtet sich dann nach wie vor als Slave nach dem Mischer. Dieser hingegen ist nun nicht mehr Master, sondern richtet sich als Slave nach dem Sampler, der hier Master sein muss.

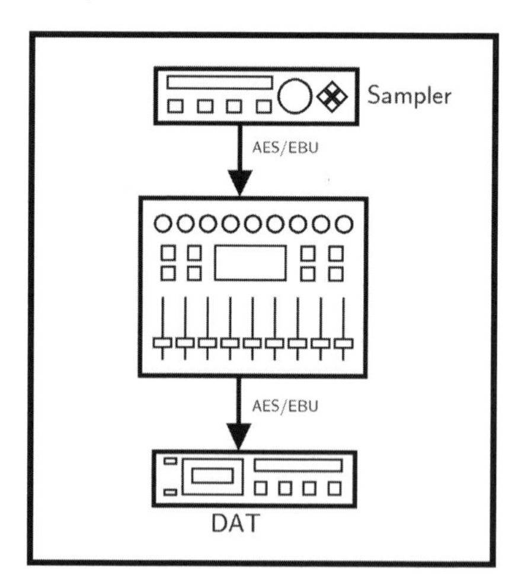


**In einer Kette aus drei digitalen Geräten ist das erste der Master, die folgenden sind Slaves.**

Nun erweitern wir das Setup um ein Effektgerät, das über digitale Schnittstellen in das Mischpult eingeschleift wird. Auch das Effektgerät passt seine Taktfrequenz dem Mischer an, die es aus dem Send-Signal erhält. Weil der Takt des Ausgangssignals identisch ist, passt dieser auch wieder zum Eingang des Pultes. Hier ist lediglich darauf zu achten, dass sich das Pult nicht auf diesen Eingang zu synchronisieren versucht, da ansonsten eine digitale Schleife die Folge wäre.

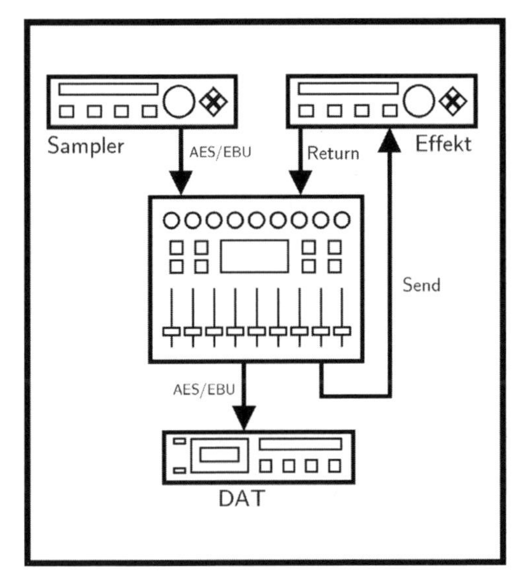


**Bei einem digital eingeschleiften Effektgerät ist die Verwendung selbst synchronisierender Schnittstellen möglich. Man muss aber darauf achten, dass keine Schleifen entstehen.**

Die Grenzen der technischen Möglichkeiten sind jedoch schnell erreicht, wenn statt des einen Effekts gleich mehrere Geräte seriell eingeschleift werden. Wie im Kasten weiter oben bereits beschrieben, weichen die Taktfrequenzen aufgrund des PLL-Regelvorgangs immer ein wenig vom Zeitraster ab, und mit jedem weiteren Gerät addiert sich ein weiterer Fehler. Nach Durchlaufen mehrerer Geräte wird das Ausgangssignal dann durch die zeitliche Verzerrung (Jitter) der Abtastwerte nicht mehr fehlerfrei vom Eingang des Pultes erkannt werden können.

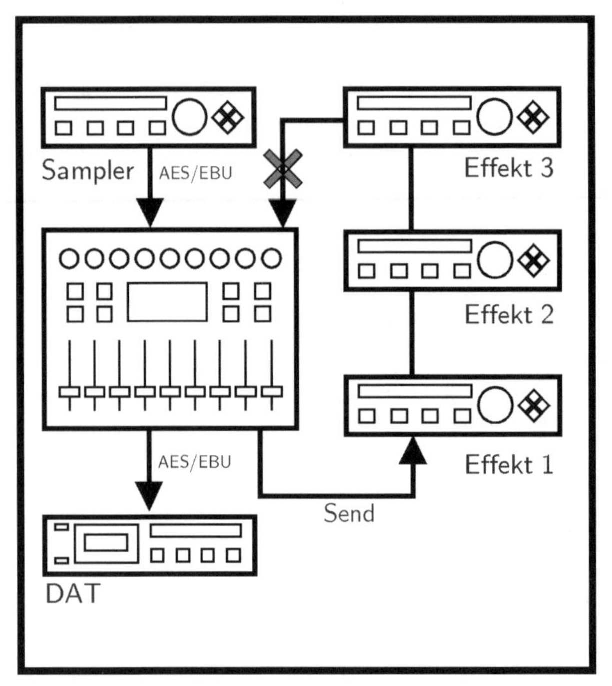


**Ist eine Kette aus digital verbundenen Effektgeräten nur lang genug, klappt bei der Verwendung selbst synchronisierender Schnittstellen der Return nicht mehr.**

Aber bereits in einer viel einfacheren Konfiguration treten Probleme auf. Handelt es sich bei dem an den zweiten Mischpult-Eingang angeschlossenen Gerät nicht um einen Effekt, sondern einen Synthesizer, so wird dieser ja nicht vom Mischer synchronisiert, weil er an diesen nur mit seinem Ausgang angeschlossen ist. Master kann er auch nicht sein, da ja bereits der Sampler diese Rolle übernimmt. In dieser Situation kann nur Abhilfe geschaffen werden, wenn der Synthesizer auf eine andere Weise synchronisiert wird.

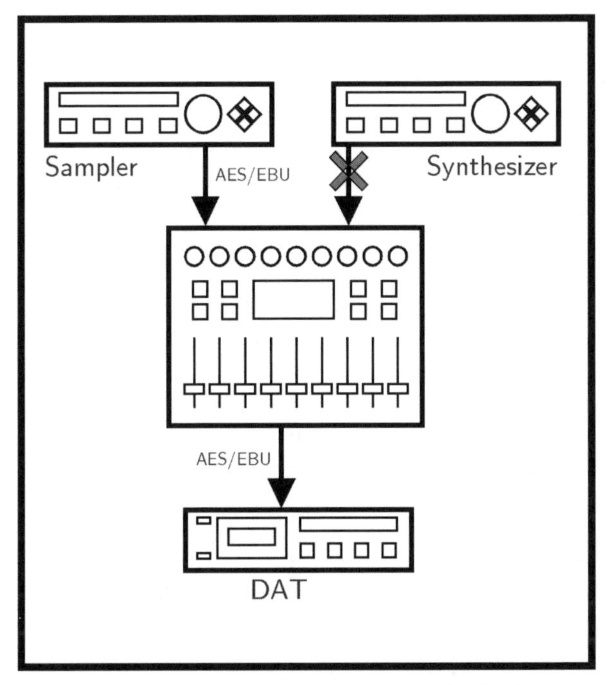


**Beginnt eine digitale Signalkette mit mehreren an den Mischer angeschlossenen Quellen, ergeben sich häufig Probleme bei der Synchronisation**

Verfügt der Synthesizer in diesem Beispiel über einen digitalen Audioeingang (beispielsweise zur externen Signaleinspeisung in seine Filter) und hat der Mischer noch Ausgänge frei (beispielsweise ungenutzte Subgruppen), dann haben Sie Glück. Dann können Sie nämlich diese Verbindung herstellen, auch wenn Sie sie überhaupt nicht benötigen. Denn dann lassen Sie die Ausgangs- und Eingangs-Fader einfach auf Null stehen, übertragen damit nur digital Null, aber die Geräte synchronisieren sich trotzdem.

# Wordclock

Zugegeben, damit das letzte Beispiel funktioniert, braucht man schon gewaltig Glück. In der Praxis ist, schon allein wegen Murphys Gesetzen, entweder kein Ausgang mehr frei, oder das betreffende Gerät besitzt schlichtweg keinen Eingang. Rundfunk-Studios mit mehreren digital eingebundenen CD-Playern sind hier ein Paradebeispiel: CD-Player haben nunmal keine Audio-Eingänge.

Um für jede Situation gewappnet zu sein, verfügen professionelle Audiogeräte und zum Glück inzwischen auch sehr viele Geräte aus dem Heimstudio-Bereich über einen sogenannten Wordclock-Eingang, dem die Taktfrequenz extern zugeführt werden kann. Quelle ist im einfachsten Fall der Wordclock-Ausgang des Mischpultes, das immer Master ist und in unserem oben genannten Beispiel über diesen Weg den Synthesizer doch noch synchronisieren kann.

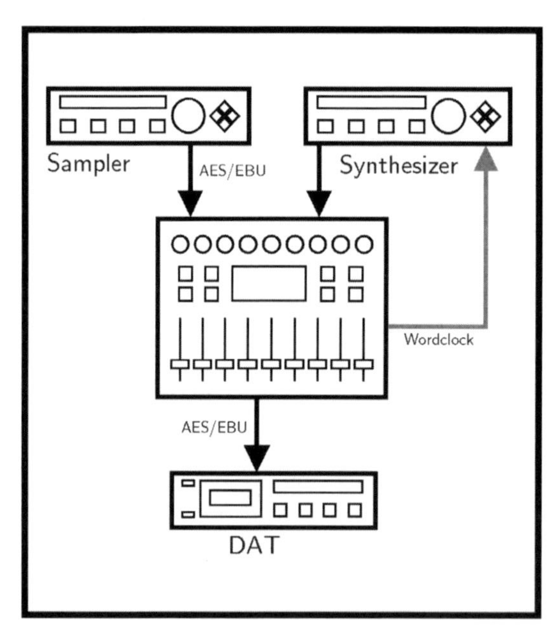


**Mithilfe einer Wordclock-Verbindung kann auch das Gerät ohne Audio-Eingang zum Master synchronisiert werden.**

# Sample Rate Konverter

Jetzt sind wir schon ziemlich weit gekommen. Da heute ja viele externe Geräte entfallen und zumindest im Heimstudio durch Plugins im Rechner ersetzt werden, sind die meisten Setup gar nicht mehr so groß. Aber es gibt noch ein Problem, das Sie trotzdem packen kann: Vielleicht arbeitet Ihr Synthesizer nämlich gar nicht mit 44,1 kHz, sondern mit 48 kHz. Um ihn trotzdem einbinden zu können, benötigen Sie nun einen Sample-Rate-Konverter. Sein Eingang richtet sich als Slave nach dem Synthesizer, und das Ausgangssignal wird auf 44,1 kHz umgerechnet. In unserem Beispiel muss der Konverter dann ebenfalls per Wordclock mit dem Mischer verbunden werden, weil auch er nicht anderweitig synchronisiert ist. Sein Eingang synchronisiert sich zwar auf das 48-kHz-Signal, der Ausgang mit 44,1 kHz muss jedoch mit der Umgebung im Gleichtakt arbeiten.

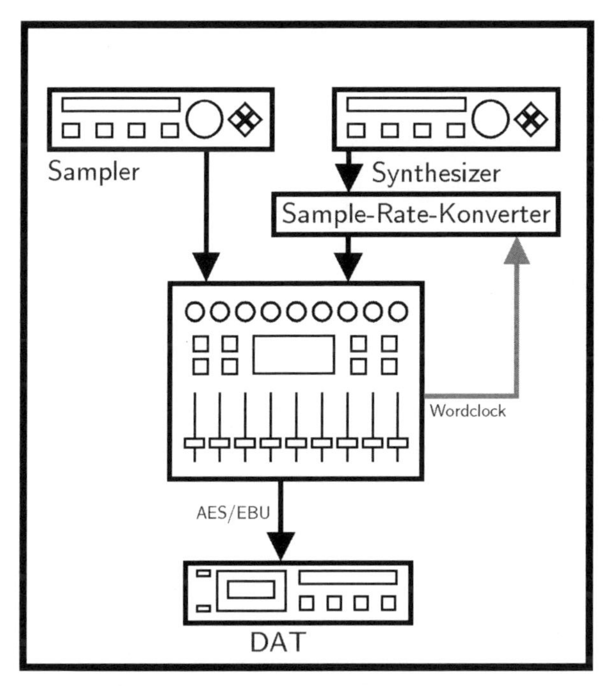


**Kommt ein Sample Rate Konverter zum Einsatz, muss sein Ausgang mit der Studioumgebung synchronisiert werden.**

Exakt die gleiche Konfiguration hilft Ihnen übrigens auch, wenn Ihr Synthesizer zwar mit 44,1 kHz arbeitet, aber keinen Wordclock-Eingang hat. Bei genauer Betrachtung hat auch ein nicht synchronisiertes Signal eine andere Sampling-Frequenz, die sich nämlich durch die geringfügige Abweichung unterscheidet. Aber der Sample-Rate-Konverter rechnet das Ausgangssignal auch dann korrekt um, weil die Synchronisation seines Eingangs ja funktioniert, und sein Ausgang ist seinerseits zum Pult synchronisiert.

**Asynchroner Betrieb von Digitalstudios**

Wenn Sample Rate Konverter auch helfen, ein nicht synchronisiertes Signal gleicher Sample rate einem Eingang zuzuführen, dann wären synchronisierte Konverter vor jedem Eingang eines Digitalpultes doch eine praktische Sache, da nun wenigstens in Bezug auf die Eingänge alle Probleme gelöst zu sein scheinen. Und in der Tat gibt es Pulte, in welche diese Konverter bereits eingebaut und damit sogar ohne weiteres Zutun synchronisiert sind. Auch das Problem mehrerer seriell verschaltet er Geräte ist damit in den Griff zu bekommen, da sich bei jeder Übertragung immer nur der Eingang des Sample Rate Konverters mit dem Ausgangssignal synchronisiert und der Ausgang intern durch das Folgegerät synchronisiert ist. Wird ein ganzes Studio derart aufgebaut, spricht man von asynchronem Betrieb.

Dem Vorteil, dass man sich an keiner Stelle mehr um die Synchronisation Gedanken machen muss, steht allerdings auch ein Nachteil gegenüber. Jede Konvertierung beinhaltet nämlich auch eine Qualitätsverschlechterung, und selbst beim extrem hohen Qualitätsstandard heutiger Sample Rate Konverter kann der Unterschied durchaus hörbar werden, wenn in großen Studios hunderte dieser Verbindungen vorkommen.

## Haustakt

Bei wirklich großen Setups besteht die einzig sinnvolle Möglichkeit darin, sämtliche Digitalgeräte extern zu synchronisieren. Ein zentraler Taktgeber erzeugt das Hardlock-Signal, das oft als Haustakt bezeichnet wird. Mit diesem sind alle Geräte sternförmig über jeweils eine eigene Leitung verbunden, sodass alle im gleichen Takt betrieben werden und dieser an keiner Stelle von einem zum nächsten Gerät durchgeschleift werden muss, So wird auch der Fehler durch Jitter so gering wie möglich gehalten.

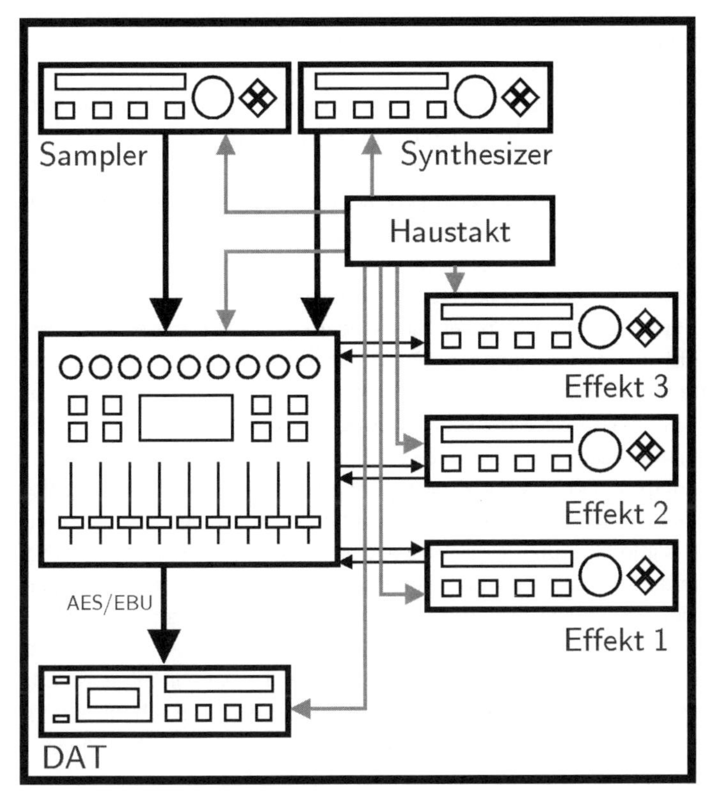


**Konsequente Lösung für große Setups: Synchronisation per Haustakt**

Einzelne Geräte ohne Wordclock-Eingang können dann immer noch mit selbst synchronisierenden Schnittstellen oder notfalls asynchron eingebunden werden. Die beste und flexibelste Lösung besteht jedoch darin, ausschließlich Equipment mit Wordclock zu verwenden.

# Rechenzeit und Delay

In größeren Systemen muss auch die Bearbeitungszeit berücksichtigt werden, die von Digitalgeräten zur Berechnung gebraucht wird. Im Gegensatz zu analogen Geräten liegt bei den digitalen Pendants das Ausgangssignal nämlich erst einige Taktzyklen später am Ausgang an. Manche Geräte wie beispielsweise Look-Ahead-Kompressoren verzögern das Signal zudem bewusst, um mit einem Sidechaineingang vor der Verzögerungsstufe ein zeitlich "früheres" Signal zur Bearbeitung heranziehen zu können.

Beim Zumischen des Effektsignals muss also eine von der Rechenzeit abhängige Verzögerung auch für das Originalsignal eingestellt werden, damit beides wieder gleichzeitig erklingt und sich keine Auslöschungen oder Kammfiltereffekte ergeben. Alle diese rechenzeitbedingten und ausgleichenden Delays zusammen ergeben eine Gesamtverzögerung des Systems, die sich leicht auf Werte zwischen 10 oder gar 20 ms addiert. Bei reinen Mischarbeiten oder Postproduction sind diese Zeiten letztlich egal, für Monitorzwecke bei einer Live-Einspielung bewegt sich die Verzögerung aber in ernstzunehmender Größenordnung. Die Erfahrung zeigt, dass bei Monitoranlagen mit Lautsprechern die Verzögerung eher akzeptiert wird, denn auf der Bühne spielt ein Timing-fester Drummer durchaus zu drei Meter entfernten Sidefills, die immerhin auch 9 ms Verzögerung bedeuten. Beim Monitoring über Kopfhörer im Studio werden Verzögerungen von den einspielenden Musikern aber wesentlich störender empfunden und machen in extremer Ausprägung eine Aufnahme unmöglich. Immer höhere Rechenleistung und schnellere Algorithmen minimieren das Problem zwar, aber zunehmende Bitbreite und höhere Sampling-Raten beanspruchen ebenfalls Rechenleistung, wodurch das Timing einer Digitalanlage noch länger ein Thema bleiben wird.

# 6. Equipment: eine Einführung

In den bisherigen Kapiteln sind wir davon ausgegangen, dass Sie Ihren Computer mit Audio-Interface und Recording-Software bereits besitzen und die Lautsprecher passend zum Raum auswählen und anschaffen. Was aber ist, wenn Sie noch gar nichts haben?

## Virtuell ist günstig

Moderne Audioprogramme für den PC oder Mac verlegen die Funktionen riesiger Hardware-Aufbauten in den Computer. Schnelle Prozessoren und Festplatten erreichen quantitativ und qualitativ Leistungen, die bis vor kurzer Zeit nur professionellen Studios vorbehalten waren. Der Mixdown erfordert nicht unbedingt ein Mischpult, und dem Outboard-Rack des professionellen Studios entspricht ein Satz hochwertiger PlugIns im heimischen Rechner. Schöne neue Zeit, deren Errungenschaften auch bedenkenlos genutzt werden können, denn die Qualität der gängigen Recording-Programme hält tatsächlich ausnahmslos, was in der Werbung versprochen wird.

Der Tipp zum Einstieg lautet daher: Versuchen Sie zunächst einmal, alles im Computer zu realisieren. Kaufen Sie dazu entweder den schnellsten Rechner, den Sie sich gerade leisten können und eine aktuelle Recording-Software. Mit einem heutigen Top-System werden Sie eine sehr lange Nutzungsdauer erreichen, ohne zu schnell wieder neue Investitionen tätigen zu müssen. Sie können sich übrigens zusätzliches Geld für spätere Nachrüst-Optionen Ihres Rechners getrost sparen, denn wenn schnellere Prozessoren auf den Markt kommen, dann wird es auch schnellere Chipsätze, schnelleren Speicher und schnellere Festplatten geben, die Sie vermutlich ebenfalls haben wollen.

Eine andere Möglichkeit besteht darin, zunächst so gut wie gar kein Geld für den Rechner auszugeben und die Investition vollständig auf einen späteren Zeitpunkt zu verschieben. Wie das geht, haben Sie in der Einleitung dieses Buches bereits gelesen.

**Recording-Software**

Zur Wahl Ihrer Recording-Software und die Arbeit damit lesen Sie bitte die spezifische Literatur. Im Prinzip arbeiten die Lösungen der verschiedenen Hersteller zwar alle gleich, aber die Bedienung weicht teilweise erheblich voneinander ab. Vor der Kaufentscheidung macht es also Sinn, sich Cubase, Logic, Samplitude & Co. einmal auf einer Fachmesse oder bei Musiker-Kollegen anzuschauen und zu entscheiden, welche Arbeitsweise für Sie die richtige ist. Haben Sie Ihre Wahl getroffen, finden Sie zur Arbeit mit Ihrem neuen System das passende Buch bei PPVMEDIEN, sodass wir darauf in diesem Grundlagen-Buch nicht näher eingehen.

## Was brauchen Sie noch?

Bei der vollständigen Digitalisierung der Studios hat sich allerdings eines nicht geändert: Die aufzunehmenden Schallwellen einer Gesangsstimme oder eines Instruments sind nach wie vor analog, und ebenso hören unsere Ohren analog. So haben Mikrofone, Lautsprecher und die Raumakustik nach wie vor den größten Einfluss auf die Qualität einer Produktion, gehören aber gleichzeitig aber zu den am meisten unterschätzten Komponenten im Heimstudio. Genau hier ist folglich der Großteil aller Überlegungen anzustellen und mit nur wenig Mehraufwand die Qualität dramatisch zu verbessern. Zu Lautsprechern und zum Raum haben Sie schon die entsprechenden Kapitel gelesen – kümmern wir uns daher nun um die Aufnahmeseite.

## Aus Luft wird Strom

Die klanglichen Unterschiede zwischen Mischpulten, Audio-Software oder PlugIns werden fast vernachlässigbar, wenn man sie mit den Unterschieden zwischen Mikrofonen vergleicht. Der Grund dafür ist in der Physik zu finden: Luftdruckschwankungen müssen in elektrische Signale umgewandelt werden und umgekehrt. Dieser Prozess ist auch beim heutigen Stand der Technik schwierig in den Griff zu bekommen und mit Kompromissen behaftet, sodass es große qualitative, aber auch konzeptionelle Unterschiede gibt.

Dazu kommt die Bedeutung des Mikrofons als erstes Glied in der Signalkette. Was hier nicht aufgenommen wird, lässt sich später nicht mehr hervorholen. Allein aus diesem Grund ist es sinnvoll, lieber mehr Geld in ein Mikrofon zu investieren und beim Effektgerät zu sparen. Zudem prägt das Mikrofon den Charakter einer Aufnahme, denn ein wirklich lineares System mit schwingenden Membranen gibt es nicht, und genau die Nichtlinearitäten sind es, die bei gekonnter Konstruktion dem Ohr schmeicheln und der Aufnahme Charakter geben. Gekonnte Konstruktionen sind jedoch nicht zum Supermarktpreis zu haben.

Der Klang der Abhöranlage fließt zwar nicht direkt in den Klang der Aufnahme ein, aber indirekt eben doch: Hört man beispielsweise die Bässe über seine eigene Anlage übermäßig laut, wird man sie in seiner Produktion zurückdrehen, und auf allen anderen Anlagen werden Bässe fehlen. Eine gute Abhöranlage ist also wichtig, um überhaupt beurteilen zu können, was man tut.

## Das Mikrofon

Wer bisher mit einem an die Soundkarte angeschlossenen Mikrofon vom Discounter arbeitet, wird den Unterschied zu einem Studiomikrofon der unteren Mittelklasse erst glauben, wenn er ihn hört. Bei einem Vergleich beider Aufnahmen ergibt sich förmlich der Eindruck, als ziehe man einen Vorhang vor den Lautsprechern weg. Der gleiche Eindruck ergibt sich noch einmal, wenn man das einfache Studiomikrofon mit einem HighEnd-Mikrofon vergleicht. Nicht umsonst geben professionelle Studios gut und gerne 3.000 Euro für ein Mikrofon aus.

Erste Wahl für Gesangsaufnahmen sind Großmembran-Kondensatormikrofone, die lange Zeit wegen des hohen Preises für Heimanwender unerschwinglich waren. Inzwischen haben die Hersteller erkannt, an welchen Stellen man sinnvoll sparen kann, und bieten preisgünstige Modelle an, die auf der Technik ihrer großen Vorbilder basieren und erstaunlich gut klingen. Im Preissegment unter 500 Euro gibt es bereits eine vielfältige Auswahl, und hier ist das Geld aus der Hobbykasse so sinnvoll angelegt wie nur selten sonst.

Die Mikrofone benötigen eine externe Betriebsspannung, die sogenannte Phantomspannung. Sie muss vom Mikrofoneingang zur Verfügung gestellt werden. Zur Unterdrückung von Einstreuungen werden sie mit einem symmetrischen Kabel, dem sogenannten XLR-Kabel, an den Vorverstärker angeschlossen. Hier kommt der Kabelqualität eine entscheidende Rolle zu, denn während bei Line-Signalen kaum Unterschiede hörbar sind, nimmt man ein schlechtes Mikrofonkabel deutlich wahr. Da im gesamten Studio aber nur ein solches Kabel benötigt wird, erhöht selbst die Wahl eines Oberklasse-Produkts das Gesamt-Budget nur unmerklich.

Da das Mikrofon im Studio eine so zentrale Bedeutung hat, widmen wir ihm ein separates Kapitel. Zunächst geht es jedoch weiter mit der Übersicht der Studio-Komponenten.

## Der Vorverstärker

Ein Mikrofon liefert nur eine geringe Ausgangsspannung, die vor der Aufnahme verstärkt werden muss. Da es sich hierbei um die stärkste im gesamten Studio vorkommende Verstärkung handelt, ist die Qualität des Vorverstärkers äußerst kritisch. Schon wegen der hohen Störeinstreuungen sind Mikrofoneingänge von Soundkarten für Anwendungen in der Musik völlig indiskutabel. Außerdem verfügen sie weder über den symmetrischen Anschluss noch über eine Phantomspeisung.

Der nächst bessere Weg ist die Nutzung des Mikrofoneingangs eines Mischpults. Allerdings hat dieses in jedem seiner Kanäle einen solchen Eingang, und der Rotstift der Hersteller setzt hier gnadenlos an. Da man im Heimstudio ohnehin nur ein, höchstens aber zwei Mikrofone gleichzeitig betreibt, empfiehlt sich die Anschaffung eines hochwertigen ein- oder zweikanaligen Vorverstärkers. Er hat einen symmetrischen Eingang und stellt die Phantomspeisung für das Mikrofon zur Verfügung, und sein Line-Ausgangssignal kann unkritisch mit einer Soundkarte aufgenommen werden. Besonders edel klingen Röhrengeräte, die ein gutes Stück analoge Klangästhetik in die ansonsten volldigitale Signalkette bringen. Um die weniger guten Wandler der Soundkarte zu umgehen, greift man am besten zu einem Modell mit Digitalausgang, das an den digitalen Eingang der Soundkarte angeschlossen wird und für verlustfreie Übertragung sorgt.

Die Verbesserung ist enorm: Während Aufnahmen im Computer bei Nutzung des Mikrofoneingangs der Soundkarte bestenfalls die Qualität eines Cassettenrecorders erreichen, ist auf diese Weise professioneller Studiosound möglich.

**Die DASH-Maschine im Rechner**

Noch vor wenigen Jahren galt eine DASH-Maschine als das Maß aller Dinge im Bereich digitalen Recordings. Zwar lässt ein solch solides Stück Technik auch heute noch das Herz eines Toningenieurs höher schlagen, aber hochauflösende Digitalaufnahmen in über jeden Zweifel erhabener Qualität können inzwischen auch mit jedem herkömmlichen Computer im Heimstudio erzielt werden. Native Software, die zum Betrieb ausschließlich die Rechenleistung des Host-Prozessors benötigt, ermöglicht heute vielfach sowohl Wortbreiten von 24 Bit, interne Bearbeitung im 32-Bit-Fließkommaformat, als auch die neu aufgekommenen doppelten Samplingraten 88,2 und 96 kHz.

Ein Problem bei rechnergestützten Aufnahmen waren bisher jedoch die Soundkarten. Während Rechner und Software höchsten Ansprüchen genügen, ist eine herkömmliche Soundkarte für audiophile Arbeit unbrauchbar. Für Computerspiele entwickelt, bietet sie neben den für die Musikproduktion ohnehin unnötigen Features wie Joystick-Port oder FM-Chip zwar auch Audioschnittstellen und Wandler, für die aber aufgrund der bis auf den letzten Pfennig ausgequetschten Kalkulation des Verkaufspreises im hart umstrittenen Markt mit Einstreuungen und Nichtlinearitäten zu kämpfen haben und mit ihren Audiowerten nicht einmal ansatzweise glänzen können.

Die nächste höhere Qualitätsstufe bilden Audiokarten, die speziell für das Recording entwickelt wurden. Sofern sich die Wandler auf der Karte selbst und damit im Innern des Rechners befinden, sind aber auch hier Einstreuungen nicht immer zu vermeiden, weshalb für beste Ergebnisse ausschließlich Karten mit Digitalschnittstellen verwendet und Wandler als externe Geräte zum Einsatz kommen sollten. Geht man davon aus, dass die DA-Wandlung bei ausschließlich rechnergestütztem Arbeiten nur dem Monitoring dient und daher nicht so wichtig ist, da ihre Qualität nicht unmittelbar in das entstehende Audioprodukt einfließt, kommt der AD-Wandlung eine zentrale Rolle zu. Hier wird über Gedeih und Verderb der gesamten Produktion entschieden, da auch die beste Software, virtuelle Studiotechnik und PlugIn-Ausstattung nicht zurückholen kann, was bei der Aufnahme verloren geht. Hier ist der erste Grund zu erkennen, weshalb sich eine Computer-Workstation besonders durch ein externes Frontend stark aufwerten lässt.

**Analoge HighEnd-Technik**

Adäquater Partner einer mit 200.000 Mark zu Buche schlagenden DASH-Maschine ist im HighTech-Studio nicht selten eine Konsole, die mindestens die gleiche Investition verschlingt. In ihr finden sich Vorverstärker, die über jeden Zweifel erhaben sind. Anderes gilt für das Computer-Studio. Wenn hier überhaupt noch ein Mischpult vorhanden ist, dann wird es wesentlich kleiner und wesentlich günstiger sein, und bei solchen Pulten wird generell an den Vorverstärkern gespart. Führt man sich vor Augen, dass ein Pult mit 32 Kanälen auch 32 Mikrofon-Vorverstärker enthält, der durchschnittliche Anwender aber niemals mehr als zwei Kanäle gleichzeititg aufnimmt, erscheint der Vorverstärker als Spar-Ansatz der Pulthersteller auch äußerst vernünftig.

Die konsequente Umsetzung des Gedankens, nur maximal zwei Kanäle gleichzeitig aufnehmen zu wollen, ist inzwischen in der noch relativ jungen Geräte-Gattung der Frontends zu finden. Sie bieten nicht nur die reinen Wandler, sondern verbinden diese mit Vorverstärkern in Class-A-Technik, die sich mit denen einer HighEnd-Konsole messen lassen können. So kommt zur Präzision einer DASH-Maschine, die durch die Software im Rechner erzielt wird, der gute Klang einer analogen HighEnd-Konsole hinzu, die schlicht und einfach auf nur einen oder zwei Kanäle reduziert wurde. Und da man mit einer solchen Konsole nicht nur 1:1 aufnehmen, sondern bei der Aufnahme auch Equalizer und Dynamics einsetzen kann, erweitern viele Hersteller ihre Frontends um eben diese Funktionen. Solche Geräte werden dann als Channel-Strip bezeichnet.

# Kopfhörer

Da Sie Ihren neuen Song beim Mischen auch einmal etwas lauter hören möchten, ist Ärger mit den Nachbarn vorprogrammiert. Bei vielen Arbeitsschritten können Sie daher auf einen Kopfhörer ausweichen. Aus klanglicher Sicht ist das ebenfalls interessant, denn ein Kopfhörer der 100-Euro-Klasse übertrifft gut und gerne Lautsprecherboxen, die das Zehnfache kosten.

Aber die Sache hat einen Haken: Bei Nutzung eines Kopfhörers werden einige Mechanismen des Hörempfindens umgangen, wodurch es fast unmöglich wird, Lautstärkeverhältnisse und Platzierungen im Stereopanorama korrekt zu beurteilen. Bei diesen Arbeiten sollte daher unbedingt über Lautsprecher abgehört werden. Zum bloßen Abhören beim Einspielen und bei unkritischen Arbeiten leistet ein Kopfhörer aber gute Dienste und hilft, die Belastungszeiten der Nachbarn klein zu halten.

Optimalen Tragekomfort bieten offene Kopfhörer. Zum Arbeiten am Computer sind diese also zu bevorzugen. Als Abhörmedium für den Sänger bei der Aufnahme werden oft geschlossene Modelle bevorzugt, weil diese deutlich weniger Schall an die Umgebung abgeben. Und das ist wichtig, denn sonst ist das Kopfhörersignal später auf der Vocal-Spur zu hören. Aber jede Medaille hat zwei Seiten: Viele Sänger können mit einem geschlossenen Kopfhörern nicht richtig intonieren, weshalb man hier ein offenes Modell bei geringerer Lautstärke wählen sollte. Oft hilft auch ein alter Studiotrick: Eine Seite des Kopfhörers wird nur halb oder gar nicht übers Ohr gestülpt.

# 7. Anschaffung eines Mikrofons

Wenn Sie nicht ausschließlich Instrumentalmusik mit elektronischen oder elektrisch abgenommenen Instrumenten produzieren wollen, benötigen Sie ein Mikrofon oder sogar mehrere. Bei der Aufnahme von Gesang oder akustischer Instrumente ist es sogar das wichtigste Glied in der gesamten Signalkette Ihres Studios, denn was vom Mikrofon nicht aufgenommen wird, kann hinterher auch nicht mit Kompressoren oder Equalizern hervorgezaubert werden. Aufgrund seiner Eigenschaft als Schallwandler hat das Mikrofon aber gleichzeitig mit den größten physikalischen Schwierigkeiten zu kämpfen. Im Gegensatz zu den elektronischen Komponenten, die mühelos einen linearen Frequenzgang über den gesamten Audiobereich aufweisen, sind Schallwandler, also Mikrofone und Lautsprecher, nicht linear. Sie haben zudem einen hohen Klirrfaktor sowie ein schlechtes Impulsverhalten. Aus diesem Grund gibt es sehr starke klangliche Unterschiede zwischen verschiedenen Mikrofon-Modellen, die neben der objektiven Beurteilung auch der subjektiven Wahrnehmung unterliegen. Schließlich entscheidet der jeweilige Einsatzzweck, welches Mikrofon sich am besten für eine bestimmte Aufgabe eignet.

## Aussehen

Von allen Eigenschaften eines Mikrofons sollte das Aussehen doch an letzter Stelle stehen, könnte man meinen. Doch weit gefehlt! Besonders Gesangsaufnahmen gelingen oft mit einem technisch schlechteren, aber eindrucksvoller aussehenden Mikrofon besser. Der Grund besteht darin, dass streng genommen nicht das Mikrofon, sondern der Sänger den Anfangspunkt der Signalkette bildet. Was aus dessen Mund nicht herauskommt, kann auch das beste Mikrofon der Welt nicht aufnehmen. Wie der Sänger aber singt, hängt auch davon ab, wie wohl er sich fühlt. Ein amtlich aussehendes Mikrofon trägt entscheidend dazu bei. Und da in den allermeisten Home-Studios der Gesang das einzige ist, das per Mikrofon aufgenommen wird, sollten Sie vor einem protzig aussehenden Großmembran-Mikrofon im Riesenformat nicht zurückschrecken.

## Wandlertechnik

Der bekannteste Mikrofontyp ist das dynamische Mikrofon. An seiner Membran ist eine Spule befestigt, die sich in einem Magnetfeld bewegt und durch das physikalische Prinzip der Induktion eine Spannung erzeugt. Ein dynamisches Mikrofon klingt weich und warm, ist außerordentlich robust und rückkopplungsarm. Es ist bei den meisten Musikern schon vorhanden, da es die typische Bauart der Bühnenmikrofone darstellt. Das Shure SM 58 ist ein typischer Vertreter dieser Bauart und mittlerweile ein Klassiker. Dynamische Mikrofone haben allerdings einige Nachteile. Die Übertragung der hohen Frequenzen ist stark eingeschränkt, und im Mittenbereich treten Verfärbungen auf. Außerdem sind sie relativ unempfindlich und für einen sehr geringen Mikrofonabstand ausgelegt.

Im Studio sind Eigenschaften wie Robustheit und Unempfindlichkeit gegen Rückkopplungen weniger wichtig. Statt dessen soll das Mikrofon möglichst schallempfindlich sein, um auch mit größeren Mikrofonabständen arbeiten zu können, und es soll linear und verfärbungsfrei klingen. Ohne Zweifel die besten Schallwandler sind Kondensatormikrofone, die sich durch ihren linearen, sauberen Klang auszeichnen und deutlich empfindlicher sind. Sie arbeiten nach folgendem Prinzip: Die Membran besteht aus einer sehr dünnen, elektrisch leitfähigen Folie, die in geringem Anstand vor einer Metallplatte angebracht ist. Folie und Platte bilden die beiden Elektroden eines Kondensators, deren Abstand sich durch die Schwingung der Membran verändert und somit zu einer Kapazitätsänderung des Kondensators führt. Wenn nun über dem Kondensator eine hohe Gleichspannung von etwa 50 Volt anliegt, so verändert sich diese aufgrund der Kapazitätsänderung und bildet das Ausgangssignal des Mikrofons. Da der Ausgangswiderstand des Kondensators sehr hoch ist, muss als Impedanzwandler noch eine Verstärkerstufe im Mikrofon eingebaut sein, um das Signal an den Mikrofoneingang des Mischpults oder Audio-Interfaces anzupassen. Im Gegensatz zu dynamischen Mikrofonen brauchen Kondensatormikrofone daher immer eine Spannnungsversorgung, die in der Regel durch die sogenannte Phantomspeisung von 48 Volt vom Mikrofon-Vorverstärker erfolgt.

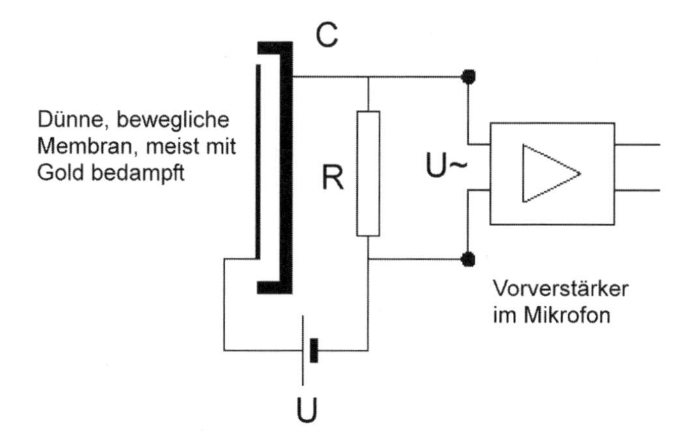


**Prinzip des Kondensatormikrofons**

Eine preiswerte Alternative zu Kondensatormikrofonen sind die Elektret-Kondensatormikrofone. Diese benötigen keine Polarisationsspannung für den Kondensator, da auf der Membran ein spezielles Kunststoff-Material aufgetragen ist, welches elektrische Ladung speichert. Der eingebaute Vorverstärker hat einen so hohen Eingangswiderstand, dass die Ladung nicht abfließt, wodurch sie dauerhaft auf der Membran verbleibt. Trotzdem lässt sie im Laufe der Jahre nach, wodurch die Lebensdauer von Mikrofonen dieser Bauart begrenzt ist. Da der Vorverstärker meist von einer 1,5-Volt-Batterie gespeist wird, benötigen Elektret-Mikrofone keine Phantomspeisung. Dennoch gibt es Modelle, die an Stelle der Batterie auch mit Phantomspannung gespeist werden können. Während ein sehr gutes Elektret-Mikrofon durchaus die Qualität eines Kondensatormikrofons erreichen kann, sind die meisten Mikrofone dieser Bauart nur mittelmäßig gut, allerdings auch preislich im Mittelfeld angesiedelt.

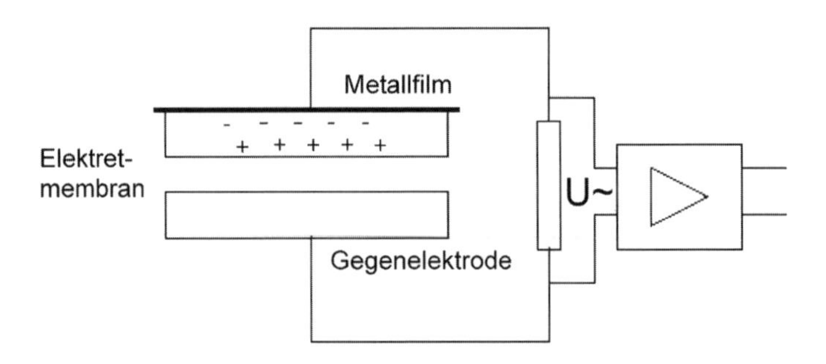


**Prinzip des Elektret-Kondensatormikrofons**

Darüber hinaus gibt es neben den bereits besprochenen dynamischen Mikrofonen noch seltenere Wandlerprinzipien wie beispielsweise Kohle-, Kristall- und Bändchenmikrofone, die aber in der Praxis keine oder im Fall des Bändchens nur eine exotische Bedeutung haben. Zusammenfassend lässt sich sagen, dass Sie für gute Gesangsaufnahmen nach Möglichkeit ein Kondensatormikrofon verwenden sollten.

**Daten und Klang**

Ein Mikrofon können Sie keinesfalls nur nach dem Datenblatt kaufen. Die im Direktfeld gemessenen Frequenzgänge sehen alle mehr oder weniger gleich aus. Beim Praxiseinsatz ergeben sich durch Überlagerung zwischen Direktfeld- und Diffusfeld-Frequenzgang jedoch ganz erhebliche Abweichungen, die bei jedem Mikrofon unterschiedlich ausgeprägt sind. Daher klingen die verschiedenen Mikrofone sehr unterschiedlich. Hier hilft nur, mehrere Mikrofone gleichzeitig auszuprobieren und das für Ihre Anwendung und Ihren Geschmack geeignetste auszuwählen. Diese Wahl ist sehr wichtig, denn was das Mikrofon nicht wiedergibt, können Sie nachher auch nicht mehr mit Effekten hinzuzaubern.

# Richtcharakteristik

Die Richtcharakteristik bestimmt, aus welcher Richtung das Mikrofon bevorzugt Schall empfängt. Ein Mikrofon mit Kugelcharakteristik nimmt den Schall aus allen Richtungen gleich auf, eines mit Nierencharakteristik dagegen bevorzugt von vorn. Neben der Acht-Charakteristik, die für die Aufnahme eines einzelnen Sängers keine Bedeutung hat, gibt es noch Superniere, Hyperniere und Keule, die allesamt aus der Niere entstanden sind und gegenüber dieser eine stärkere Richtwirkung besitzen. Während die Richtwirkung in einer Live-Situation den Sinn hat, den Gesang in der Achse größter Empfindlichkeit zu übertragen, den Schall der Monitoranlage aber zu unterdrücken, gibt es im Studio andere Anforderungen. Eine hohe Richtwirkung nimmt bevorzugt den Sänger, aber weniger den Raumanteil auf. Ist die Richtwirkung geringer, gelangt mehr Raumanteil in die Aufnahme. Allerdings ist die Richtwirkung frequenzabhängig. Im Bassbereich tendieren alle Mikrofone zur Kugelcharakteristik.

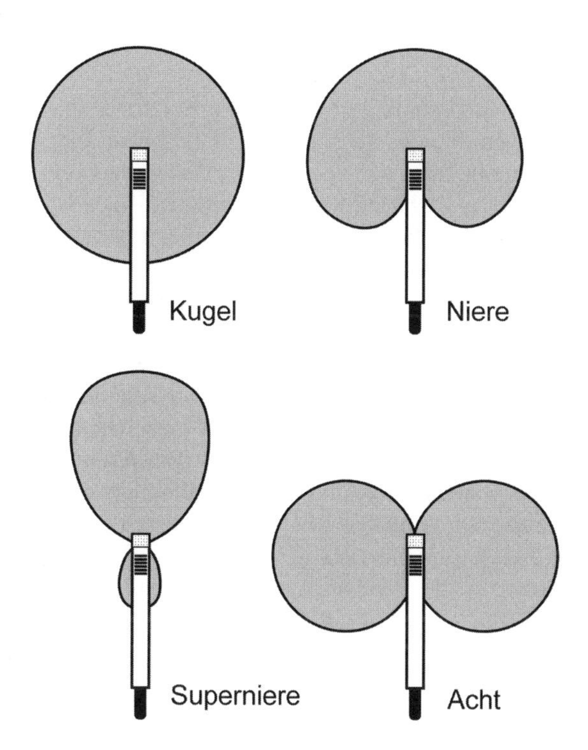


**Verschiedene Richtcharakteristiken im Überblick**

**Nahbesprechungseffekt**
Die Richtwirkung eines Mikrofons wird erzielt, indem es nicht nur an seiner Vorderseite, sondern auch an seiner Rückseite Öffnungen hat. Ein Teil des Schalls gelangt daher auch an die Rückseite der Membran und erzeugt Auslöschungen. Da die Druckdifferenz zwischen Vorder- und Rückseite der Membran umso geringer ist, je tiefer die Frequenz und je kleiner der Mikrofonabstand ist, ergibt sich bei Nahbesprechung eine ganz erhebliche Bassanhebung. Dieser Nahbesprechungseffekt ist je nach Bauart des Mikrofons mehr oder weniger ausgeprägt und kann auch kreativ genutzt werden. Ab ca. 50 cm Mikrofonabstand ist der Nahbesprechungseffekt vernachlässigbar. Kugelmikrofone haben keinen Nahbesprechungseffekt.

## Großmembran-Mikrofone

Erste Wahl im Studio sind Großmembran-Kondensatormikrofone. Im Gegensatz zu Bühnenmikrofonen, die der Sänger in der Hand halten möchte, stehen Großmembran-Mikrofone stets auf einem Stativ. Daher brauchen sie bezüglich ihrer Größe und ihres Gewichts keine Kompromisse einzugehen und können ausschließlich nach technischen Gesichtspunkten gebaut werden. Das typische Studiomikrofon besitzt neben der vorderen Membran auch noch eine hintere. Mit einem Schalter können die Signale beider Membranen unterschiedlich gekoppelt werden, wodurch sich die verschiedenen Richtwirkungen ergeben. Solche Mikrofone sind sehr flexibel einsetzbar, aufwändig konstruiert und daher teuer. Die Erfahrung zeigt, dass im Studio zur Aufnahme eines einzelnen Sängers fast ausschließlich die Nierencharakteristik eingesetzt wird. Wenn keine Umschaltmöglichkeit benötigt wird, kann bei der Konstruktion auf die zweite Membran verzichtet werden. Die Eigenschaften der Großmembran-Kapsel bleiben trotzdem erhalten, aber durch den geringeren Fertigungsaufwand lässt sich Geld sparen. In letzter Zeit bieten die Hersteller immer mehr derartige Mikrofone an, die zu günstigen Preisen teils erstaunliche Qualität bieten.

**Was ist ein Großmembran-Mikrofon?**

Den Begriff darf man wörtlich nehmen: Ein Großmembran-Mikrofon ist ein Mikrofon mit einer großen Membran. Typisch ist ein Durchmesser von einem Zoll, also zweieinhalb Zentimetern. Die Membran befindet sich fast immer in einer senkrecht zur Gehäuse-Achse montierten Kapsel, weshalb diese Mikrofon-Bauart auch von der Seite und nicht axial besprochen wird. Durch die große Kapsel ergibt sich ein großes Gehäuse, das Mikrofone dieser Bauart recht imposant aussehen lässt.

In Studiokreisen hält sich hartnäckig die Einschätzung, Großmembran-Mikrofone seien akustisch besser als Kleinmembran-Mikrofone. Das Gegenteil ist der Fall, denn eine kleine Membran ist leichter, hat das bessere Impulsverhalten und ist weniger anfällig für Partialschwingungen. Jedoch geben genau diese Erscheinungen den Mikrofonen ihre charakteristische Klangfärbung, die bei Gesangsaufnahmen erwünscht ist.

**Ein Großmembran-Mikrofon im Studio ist für Gesangsaufnahmen erste Wahl.**

## Phantomspeisung

Die meisten heutigen Mischpulte, externen Vorverstärker und Audio-Interfaces mit eigenem Mikrofoneingang stellen die zum Betrieb von Kondensatormikrofonen benötigte Phantomspannung zur Verfügung. Das macht die Sache einfach: Sobald Sie an einen Kanal ein Kondensatormikrofon anschließen, müssen sie den zugehörigen Schalter betätigen. Sollte Ihre Hardware keine Phantomspeisung besitzen, müssen Sie ein externes Gerät zwischen Mikrofon und Pulteingang schalten, das diese Spannung erzeugt. Allerdings sollten Sie hier zwei Dinge beachten: Erstens ist eine externe Phantomspeisung nicht ganz billig, und zweitens sind Mikrofon-Eingänge, die keine Phantomspeisung bieten, oft auch in Bezug auf ihre sonstigen Qualitäten nicht die besten. Ein externer Mikrofonvorverstärker oder ein neues Audio-Interface, das die Phantomspeisung gleich mit erledigt, ist hier also in der Regel die bessere Wahl.

## Popschutz

Großmembran-Mikrofone sind sehr empfindlich gegen die bei Explosivlauten stoßweise ausgeatmete Luft. Deshalb sollte unbedingt ein Popschutz verwendet werden. Hier handelt es sich um einen mit feinem Gewebe überzogenen Ring, der in einigem Abstand vor dem Mikrofon befestigt wird, und durch den der Sänger ins Mikrofon singen muss. Dieser Popschutz erfüllt noch weitere Aufgaben, die ihn unverzichtbar werden lassen. Er dient gleichzeitig als Abstandhalter und stellt so einen konstanten Mikrofonabstand sicher. Außerdem fängt er feinste Speicheltröpfchen auf, die ansonsten mit der Atemluft des Sängers auf die Membran geschleudert würden und dort mit der Zeit den Klang des Mikrofons immer dumpfer werden ließen.

Beim Einsingen im Studio ist ein Popschutz obligatorisch

**Eins, zwo, Test**

Die weitverbreitete Live-Unsitte, zur Tonprobe in das Mikrofon zu pusten, ist im Studio tabu. Die Membran eines empfindlichen Kondensatormikrofons könnte nämlich an der Gegenelektrode anschlagen, wodurch die anliegende Polarisationsspannung das Mikrofon dauerhaft beschädigt. Sänger, die noch keine Studioerfahrung haben, sind darüber unbedingt aufzuklären.

# Trittschall

Wenn sich der Sänger bewegt, tritt er auch mit den Füßen auf den Boden. Dadurch entsteht tieffrequenter Schall, der über das Stativ auf das Mikrofon übertragen wird. Hier hilft ein Trittschallfilter, das in vielen Pulten und externen Mikrofon-Vorverstärkern enthalten ist. Oft ist ein solches Filter auch schon im Mikrofon eingebaut. Während Frequenzen unter 50 Hz bedenkenlos entfernt werden können, sieht es bei 100 Hz schon anders aus. Hier nämlich können bereits Bestandteile des Nutzsignals liegen. Ein Trittschallfilter sollte also möglichst steilflankig arbeiten, idealerweise mit 24 dB pro Oktave. Viele Filter sind flacher und haben eine zu hohe Grenzfrequenz. Dadurch beeinflussen sie das Signal und werden unbrauchbar. Aber auch steilflankige Filter könne Probleme bereiten, wenn sie im Übergangsbereich einen sehr welligen Frequenzgang haben.

Häufig ist ein Trittschallfilter überflüssig, wenn man das Übel an der Wurzel packt und die Übertragung des Trittschalls verhindert. Ein einfaches Mittel ist ein Stück Teppichboden unter den Füßen des Mikrofonstativs und am besten auch unter den Füßen des Sängers. Eine hohe Dämpfung wird aber erst durch die elastische Aufhängung des Mikrofons in einer sogenannten Spinne erreicht.

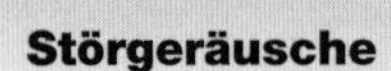

**Störgeräusche**

Empfindliche Großmembran-Mikrofone ermöglichen größere Mikrofonabstände, mit denen Sie auf jeden Fall experimentieren sollten. Dabei stoßen Sie aber schnell an die Grenzen Ihres Raums, denn bei größerer Entfernung rücken die Störgeräusche in die Größenordnung des Nutzsignals. Außerdem wird mehr Raumanteil aufgenommen. Besonders, wenn Sie keinen separaten Aufnahmeraum besitzen und im Regieraum singen, sollten Sie sich Gedanken über die Geräusche von Lüftern und Festplatten machen.

## Kleinmembran-Mikrofone

Wenn Sie nicht nur Gesang, sondern auch akustische Instrumente aufnehmen möchten, ist die Anschaffung eines Kleinmembran-Kondensatormikrofons sinnvoll. Auch hier genügt im Home-Studio in den meisten Fällen die Nierencharakteristik. Kleinmembran-Mikrofone klingen meist linearer und haben das bessere Impulsverhalten im Vergleich zur Großmembran-Technik. Die oft angeführten Nachteile im Bassbereich gehören übrigens ins Reich der Märchen, denn die Membran muss nur den vorhandenen Luftdruckschwankungen folgen und nicht wie beim Lautsprecher Leistung übertragen.

Es ist eine gute Idee, gleich zwei Kleinmembran-Mikrofone anzuschaffen. Während Sie die Mikrofone zum Beispiel bei Gitarrenaufnahmen separat auf Decke und Hals richten und damit den Klang am Mischpult besonders gut einstellen können, mikrofonieren Sie einen ganzen Klangkörper wie beispielsweise einen Chor mit einem Stereo-Aufbau. Da hier die akustischen Eigenschaften beider Kanäle gleich sein sollen, sind die Mikrofone auch als „Matched Pair" erhältlich.

**Aufnahme ganzer Klangkörper**

Während im Heimstudio meist die nahe Mikrofonierung einzelner Sänger oder Instrumente zum Einsatz kommt, kann man auch mit zwei Mikrofonen und den sogenannten Stereo-Hauptmikrofonverfahren ganze Klangkörper wie zum Beispiel einen Chor aufnehmen. Da es hier sehr viel zu beachten gibt, würde eine Beschreibung den Rahmen dieses Buches sprengen.

# 8. Das Mischpult

Höchst wahrscheinlich kaufen Sie überhaupt kein Mischpult, denn aus kleineren Studios sind diese Geräte fast verschwunden. Nutzen Sie ausschließlich die Mischfunktionen Ihrer Recording-Software, müssen Sie die Technik eines Mischpults aber trotzdem kennen, denn obwohl auch ganz andere Bedienkonzepte denkbar wären, orientiert sich das Software-Pendant noch immer sehr stark am Hardware-Original.

Bei den riesigen Monsterkonsolen der HighEnd-Facilities herrscht ein Glaubenskrieg zwischen analoger und digitaler Technik. Mittelgroße Profi-Studios arbeiten fast ausnahmslos digital. Im digitalen Pult wie im virtuellen Computer-Mischer simuliert die Grafik die gewohnte Analog-Oberfläche. Im technischen Wandel der Zeit bleibt das Wissen um die Funktionen und Einsatzmöglichkeiten des Mischpults folglich zeitlos, denn unabhängig von der Plattform des Studios stellt ein Mischpult, in welcher Bauform auch immer, die Zentrale dar. Während wohl jedem Anwender klar sein dürfte, dass mit den Panorama-Reglern die Signale nach rechts und links gestellt und mit den Fadern die Lautstärken der Kanäle im Mix eingestellt werden, bietet das Mischpult unzählige weitere Einstellmöglichkeiten, die hier näher betrachtet werden sollen.

## Kanal-Equalizer

In jedem Kanal kann der Klang mit einem Equalizer eingestellt werden. Dieser besteht aus mehreren Bändern, die unterschiedliche Charakteristiken aufweisen können: Zum einen Shelving-Bänder, auch Kuhschwänze genannt, die die Frequenzen unter- beziehungsweise oberhalb einer Grenzfrequenz anheben oder absenken, und Bänder mit Glockencharakteristik, sogenannte Peak-Bänder. Die einfachste Art eines Equalizers besteht in je einem Shelving-Band für die Höhen und die Bässe, meist mit festen Einsatzfrequenzen in den Bässen zwischen 60 und 100 Hz und in den Höhen zwischen 10 und 12 kHz. Oft findet man solche Shelving-Bänder als oberstes und unterstes Band, häufig auch mit variabler Einsatzfrequenz. Parametrische Equalizer, die in einem oder zwei Mittenbändern der meisten Mischpulte zu finden sind, arbeiten mit Peak-Filtern, die glockenförmige Kurven aufweisen.

**Parametrische Equalizer**

Die Form der Frequenzkurve eines parametrischen Equalizers wird mit Reglern für Gain, Frequenz und Bandbreite bestimmt. Je nach Art des Equalizers sind nicht alle dieser Parameter durch den Anwender einstellbar. Als Bandbreite ist die Breite der Glockenkurve an derjenigen Stelle definiert, an der die Verstärkung 3 dB unterhalb des Maximalwerts liegt. Die Bandbreite wird in Hertz angegeben. Der Q-Faktor ergibt sich als Quotient Mittenfrequenz durch Bandbreite. Als reines Verhältnismaß ist der Q-Faktor eine Zahl ohne Dimension. Je höher er liegt, desto schmaler ist das Frequenzband: Ein Q-Faktor von 0,5 ergibt also ein breites Frequenzband, ein Q-Faktor von 5 ein schmales.

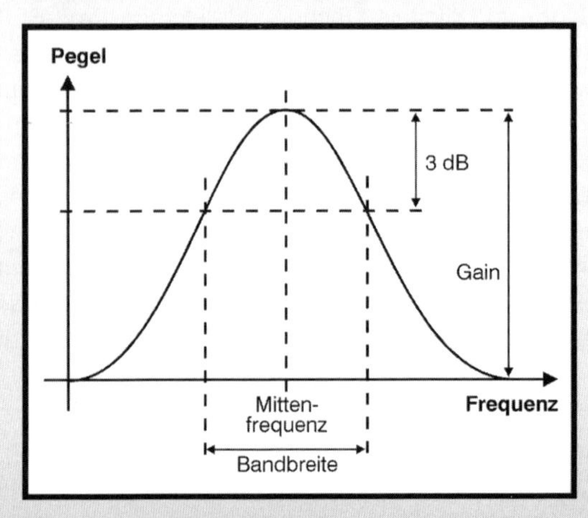


**Typische Frequenzkurve eines parametrischen Equalizers**

# Einschleifpunkte

Um Effektgeräte ans Mischpult anzuschließen, sind Insert-Punkte und Aux-Wege vorhanden. Bei Benutzung des Inserts wird der Signalfluss nach dem Eingangsverstärker unterbrochen. Das Effektgerät wird dazwischen geschaltet und so zum festen Bestandteil des entsprechenden Kanalzugs. Da das komplette Signal den Effekt durchläuft, eignet sich diese Möglichkeit weniger für Effektgeräte, die dem Originalsignal neue gestalterische Elemente hinzufügen, sondern eher für Effekte, die das Signal vollständig bearbeiten. Hier sind hauptsächlich Kompressoren und Noisegates zu nennen, die in die Dynamik des Signals eingreifen, oder externe Equalizer, der den Frequenzgang bearbeitet.

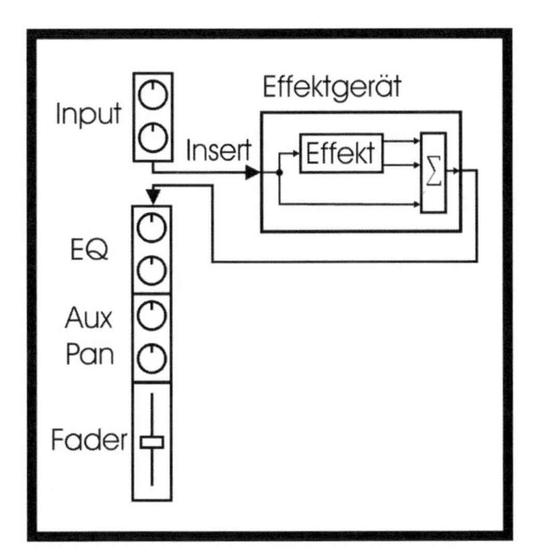


**Insert: Einschleifweg für gestalterische Effekte**

Für die meisten anderen Effekte ist die Einbindung über die Aux-Wege die sinnvollere Alternative. Im Prinzip handelt es sich hierbei um zusätzliche Mischvorrichtungen im Pult, denn alle Mischpultkanäle können die selben Aux-Wege mit unterschiedlichen Pegeln benutzen, um die Effektgeräte anzusteuern. Dazu werden die Aux-Ausgänge des Pults mit den Eingängen der Effektgeräte verbunden. Wird nun ein Aux-Send-Regler eines Kanals aufgedreht, so wird das entsprechende Signal zum entsprechenden Aux-Ausgang und damit zum Effektgerät geleitet. Die Stellung des Send-Reglers bestimmt den Eingangspegel des Effektgeräts und damit die jeweilige Effekt-Intensität. Wird ein Send-Regler des selben Aux-Wegs auf einem weiteren Kanal aufgedreht, wird auch dieses Signal in das gleiche Effektgerät geleitet. Zwar laufen dann beide Signale durch dasselbe Effekt-Programm, aber da die Aux-Send-Regler auf jedem Kanalzug vorhanden sind, können die Effektanteile für jeden Kanal individuell eingestellt werden.

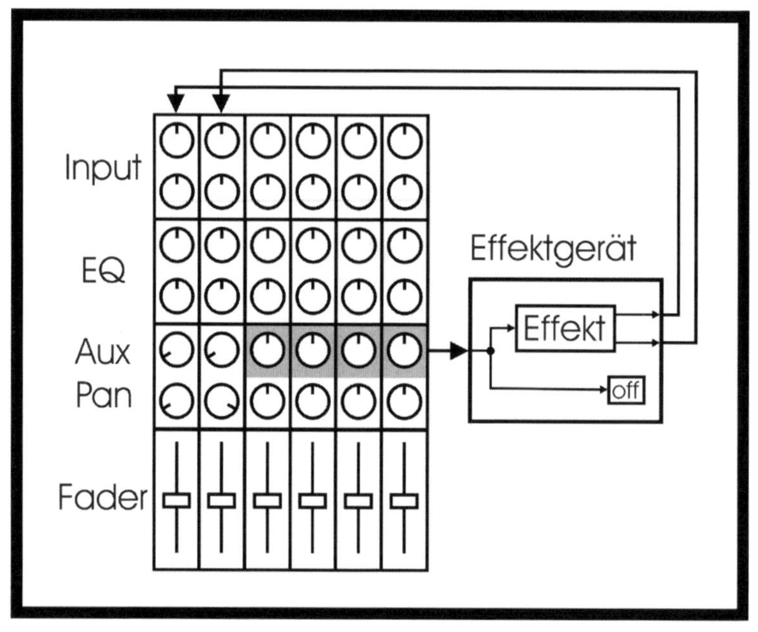


**Aux Send: Einschleifweg für additive Effekte**

Um das oder die bearbeiteten Signale hören zu können, muss der Ausgang des Effektgeräts wieder zurück ins Pult geführt werden. Dazu sind die sogenannten Aux-Returns vorhanden. Wichtig ist dabei, dass das Effektgerät ausschließlich das reine Effektsignal ausgibt. Viele Geräte besitzen einen Regler für den Effektanteil, dieser muss auf 100% Effect oder Wet eingestellt sein. Statt des Aux-Returns kann auch ein normaler Stereo-Line-Kanal oder zwei Mono-Kanäle zum Einsatz kommen, die im Panorama ganz nach rechts und links gedreht werden. Diese Variante erlaubt es überdies, die Equalizer des Pults ohne Beeinflussung des Originalsignals nur auf den Effektanteil anzuwenden oder das Panorama des Effekts einzuschränken. Des weiteren kann in diesem Kanalzug über einen anderen Aux-Weg sogar das Effektsignal selbst noch einmal bearbeitet werden, beispielsweise lassen sich Delays zusätzlich verhallen. Dabei ist jedoch wichtig, dass sich im rückführenden Kanal die Regler des mit dem Effektgerät verbundenen Aux-Sends in Nullstellung befinden. Eine Rückkopplung wäre sonst unvermeidlich.

**Aux-Wege: Pre und Post?**

Stellen Sie sich vor, Sie erzeugen mit Ihrem Effektgerät einen Hall, dessen Eingangssignal Sie mit dem Aux Send eingestellt haben. Nun blenden Sie das Originalsignal während der Mischung mit dem Kanal-Fader komplett aus. Da der Aux-Send-Regler einen konstanten Anteil aus dem Kanal ausspielt, ist trotz des geschlossenen Faders immer noch Hall zu hören. Um das zu vermeiden, muss der Aux-Regler das Signal hinter dem Fader abgreifen, im Englischen wird diese Schaltung als Post Fader bezeichnet. Nur so wird sichergestellt, dass beim Ausblenden des Signals auch der zugehörige Hall verschwindet.

Aux-Wege im Pre-Fader-Modus, also mit dem Abgriff vor dem Fader, werden hingegen für Monitor- und Kopfhörermischungen für die Musiker benötigt, die nicht unbedingt die gleiche Mischung hören wollen, die im Regieraum läuft. Viele Mischpulte verfügen über Pre/Post-Umschalter, bei anderen Pulten haben die Aux-Wege auch ganz andere Namen: Monitor, Cue oder Foldback für Pre Fader, Effect oder FX Send für Post Fader.

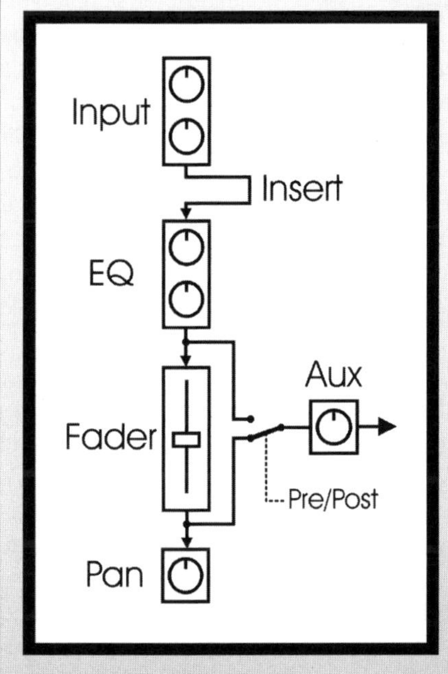


**Pre-Post-Umschaltung**

Sie ausschließlich virtuell, also mit dem Mischer Ihrer Recording-Software und mit Plugin-Effekten, dann sind die genannten Schnittstellen innerhalb Ihrer Software. Je nach Bedienkonzept setzen Sie Plugins in virtuelle Racks (zum Beispiel bei Cubase) oder verbinden virtuelle Buchsen mit virtuellen Kabeln (zum Beispiel bei Reason). Arbeiten Sie mit einem Hardware-Mischpult und Hardware-Effektgeräten, haben Sie es selbstverständlich mit realen Buchsen und Kabeln zu tun und müssen beim Anschließen die Regeln zur Vermeidung von Brummschleifen beachten, die Sie in einem früheren Kapitel dieses Buches schon kennengelernt haben. Arbeiten Sie beim Mischpult virtuell, möchten aber Hardware-Effektgeräte anschließen, dann benötigen Sie ein Audio-Interface mit möglichst vielen Anschlüssen, damit Sie genügend Ausspiel- und Return-Punkte Ihres virtuellen Mischers mit realen Ein- und Ausgängen verbinden können.

## Anordnung der Bedienelemente eines Mischpults

Die Anordnung der Mischpultkanäle erfolgt nach logischen Gesichtspunkten. In Verbindung mit einem Mehrspur-Recorder, einem Harddisk-Recording-System oder auch innerhalb einer Software-Lösung müssen Audiosignale verschiedenen Ausgängen zugewiesen werden können. Zunächst gelangen die aufzunehmenden Signale in die Eingangskanäle des Pultes. Hier werden sie bearbeitet und mit Fader, Panoramaregler und Routing-Schalter den Subgruppen zugewiesen. Von den Ausgängen der Subgruppen gelangt das Signal zu den Eingängen der Bandmaschine. Zwar setzt heute kaum noch jemand eine Bandmaschine ein, sondern nimmt die Audiospuren innerhalb der Recording-Software auf – für die Erklärung der Mischpultfunktionen ist es aber einfacher, diese Aufnahmespuren wie eine Bandmaschine zu betrachten, und bei vielen Programmen findet man zur virtuellen Hinterbandkontrolle sogar noch eine Checkbox, die den „Bandmaschinen-Modus“ anwählt.

Um nun also die von der Bandmaschine zurückkommenden Signale im Mixdown oder zum Monitoring während der Aufnahme auf die Stereosumme mischen zu können, benötigt das Mischpult weitere Eingangskanäle, die als Monitorsektion bezeichnet werden. Das so genannte Split-Konzept ist das ältere, klassische Konzept der Aufteilung eines Hardware-Mischpultes, das auch in vielen aktuellen DAWs simuliert wird. Links befinden sich die Eingänge des Mischpultes, in der Mitte die Master-Sektion mit Subgruppen und Summenfader, und rechts daneben befinden sich die Kanalzüge der Monitorsektion. Eingangs- und Monitorsektion können sich dabei von der Ausstattung unterscheiden, sind jedoch in jedem Falle recht ähnlich, da es sich bei den Monitorwegen letztlich um vollwertige Kanalzüge handelt. Der logische Aufbau der Konsole entspricht somit unserer gewohnten Denkweise in Schritten von links nach rechts. Allerdings ist das Split-Konzept in Bezug auf Platzbedarf und Kosten recht aufwendig, wenn tatsächlich mit dedizierter Hardware gearbeitet wird.

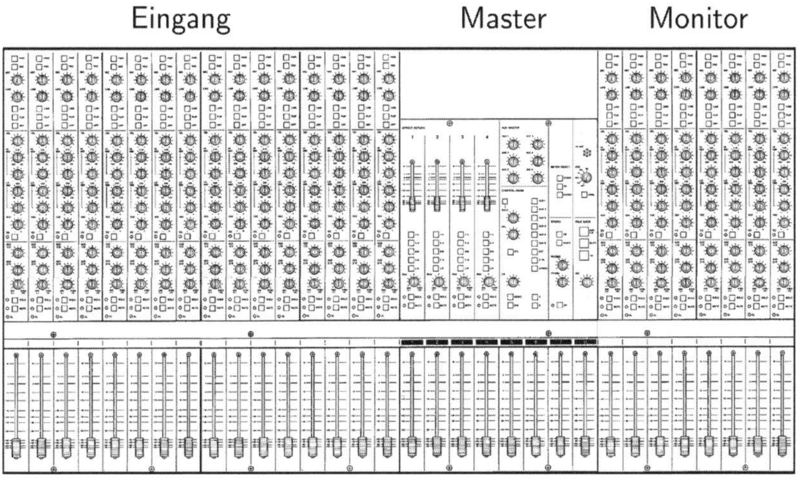

Eingang Master Monitor

**Eine Split-Konsole verfügt über separate Bereiche für Eingänge und Tape Monitoring**

Die vielfältigen Möglichkeiten einer Split-Konsole werden nicht unbedingt von jedem Anwender benötigt. Oft kann man für die Monitor-Anwendung auf Equalizer und Ausspielwege verzichten, lediglich die Fader und Panorama-Regler würden genügen. Im späteren Mixdown sind bei Hardware-Mischpulten die Eingangskanäle wieder frei, sodass die Ausgänge der Bandmaschine mittels einer Patchbay auf diese umgesteckt werden können. Würde man dies im Konzept einer Split-Konsole berücksichtigen, dann könnte man die Kanalzüge der Monitorsektion auf Fader und Pan-Poti reduzieren. Statt einer Patchbay könnte man noch einen Umschalter vorsehen, der die Tape-Returns wahlweise auf Monitor- oder Eingangskanäle schaltet. Genau das ist die Idee, die hinter dem Inline-Konzept steckt. Da nun die Monitor-Kanäle nur noch wenig Platz einnehmen, kann man zudem ihre räumliche Postion auf dem Pult ändern.

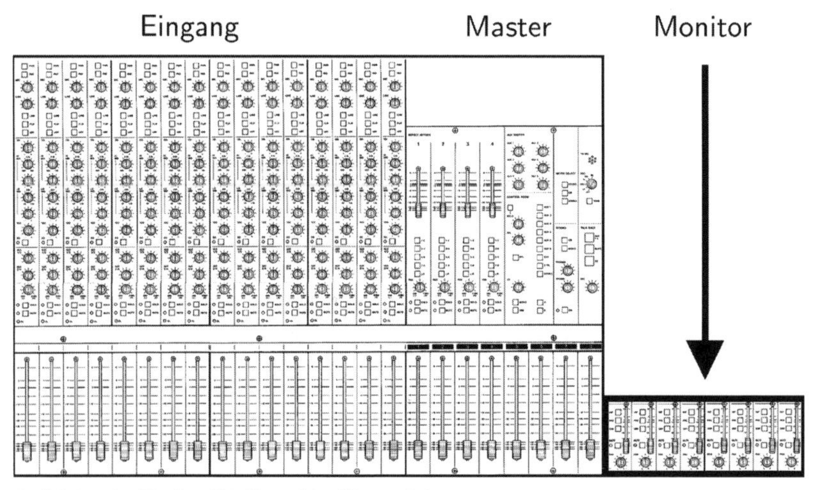


**Reduktion der Monitor-Kanäle auf das Wesentliche**

Die nur noch aus Fader und Pan-Poti bestehenden Monitor-Kanäle sind bei einer Inline-Konsole in die Eingangskanalzüge integriert. Jeder Kanalzug besteht damit also eigentlich aus zwei Kanalzügen, nämlich dem großen, unveränderten Eingangskanal und dem kleinen, nur aus zwei Reglern bestehenden Monitor-Kanal. Beide Kanäle eines Kanalzuges haben selbstverständlich getrennte Eingänge, die mittels eines Flip-Schalters, wie im vorigen Absatz beschrieben, vertauscht werden können. Im Vergleich zur Split-Konsole spart man mit diesem Konzept Schaltungsaufwand und Platz, sodass Inline-Pulte kleiner und kostengünstiger gebaut werden können. Dafür büßt man ein wenig Flexibilität ein, und die logische Denkweise von links nach rechts entfällt. Es kann manchmal schon verwirrend sein, wenn beispielsweise ein Eingangssignal von Kanal 1 auf Spur 12 der Bandmaschine aufgenommen wird und somit über den Tape-Eingang in Kanal 12 zurück ins Pult kommt. Dann nämlich muss das Eingangssignal selbst an Kanal 1, seine Abhörlautstärke jedoch am Monitor-Level-Regler in Kanal 12 eingestellt werden. Bei einer komplexen Mischung kann das die Übersichtlichkeit einschränken.

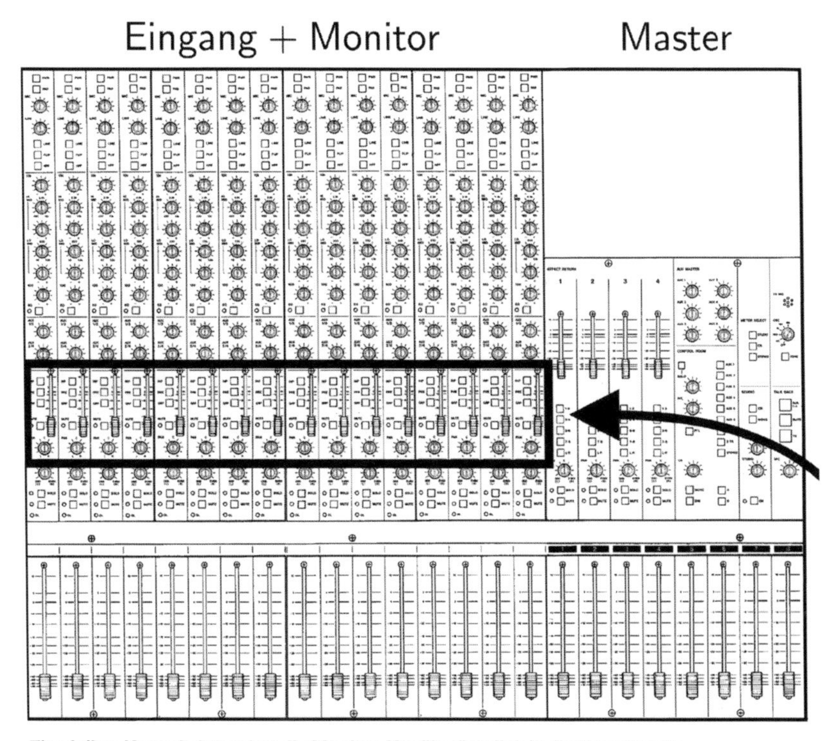


**Eine Inline-Konsole integriert die Monitor-Kanäle räumlich in die Hauptkanäle.**

Mit dem Inline-Konzept sind den Monitorkanälen zudem sämtliche EQ-Funktionen und Ausspielwege genommen worden. Zwar kann man beim Mixdown mit dem Flip-Schalter auf die vollwertigen Kanalzüge umschalten, aber vielleicht braucht man ja doch einmal den EQ beim Monitoring? moderne Pulte tragen dieser Tatsache Rechnung und bieten die Möglichkeit, die Bänder der Kanal-EQs und die Aux-Wege aufzuteilen. Sie haben an diesen Stellen Wahlschalter, die bestimmen, ob das betreffende EQ-Band oder der Aux-Weg für den Eingangs- oder Monitorkanal zuständig sein soll. Damit kann man zwar immer noch nicht alle Funktionen gleichzeitig für beide Kanäle eines Kanalzuges benutzen, erhält bei geschicktem Anschluss seiner Effektgeräte an die Aux-Wege aber eine große Flexibilität, zumal man für ein und dasselbe Signal ohnehin selten alle Aux-Potis gleichzeitig aufdreht. Mit diesen Möglichkeiten erreicht ein Inline-Pult letztlich schon fast die Flexibilität einer Split-Konsole, behält jedoch seine Vorteile in Bezug auf Platzbedarf und Preis. Die Anwender von DAW-Mischpulten werden an dieser Stelle wahrscheinlich zufrieden schmunzeln: Für sie sind dies bereits Betrachtungen von gestern, sind doch so gut wie alle modernen DAW-Mixer mit PlugIn-Schnittstellen für eine fast beliebige Einbindung von EQs ausgerüstet.

**Patchbays und Verkabelung**

Mischpulte im Home- oder Projektstudio verfügen meist über vier bis sechs Aux-Wege. Wer mehr als vier Effektgeräte besitzt, wird je nach Aufnahmesituation die Geräte abwechselnd an unterschiedliche Buchsen anschließen. Um nicht dauernd hinter das Mischpult kriechen und umstöpseln zu müssen, hilft ein Steckfeld (englisch Patchbay), an dessen rückseitige Buchsen alle Geräte und die zugehörigen Ein- und Ausgänge des Pults fest angeschlossen werden. Auf der Frontplatte befinden sich ebenso viele Buchsen, die mit den hinteren verbunden sind. Nun können mit kurzen Kabeln die Verbindungen bequem von vorn vorgenommen werden. Eine normierte Patchbay verbindet untereinander liegenden Buchsen auf der Rückseite, wenn vorn kein Kabel steckt. Verbindet man solche Buchsenpaare jeweils mit den für eine Standardkonfiguration zueinander gehörigen Ein- und Ausgängen, ergibt sich eben diese Konfiguration ohne Stecken eines einzigen Kabels. Zu den Patch-Kabeln muss man folglich nur greifen, um von der Standardkonfiguration abzuweichen.

Nicht nur zur Anbindung von Effektgeräten, sondern auch im allgemeinen Studiobetrieb stellt sich die Frage, ob symmetrische Verbindungskabel verwendet werden sollen. Da die symmetrische Technik weitgehend immun gegen Einstreuungen ist und auch Brummprobleme seltener auftreten, wird im professionellen Bereich so oft wie möglich darauf zurückgegriffen. Im Homerecording-Bereich, wo in der Regel relativ kurze Kabellängen anfallen, ist symmetrische Verkabelung nicht von Bedeutung, zumal nur die teuersten Pulte mit symmetrischen Aux Sends oder gar Inserts ausgestattet sind.

Wer ausschließlich virtuell arbeitet, steht zwar nicht vor der Frage eines symmetrischen oder unsymmetrischen Anschlusses, muss sich aber dennoch mit Steckfeldern befassen. Diese werden nämlich oft virtuell nachgebildet, grafisch als Kreuzschiene oder als Routing-Tabelle ausgeführt.

**Effekte und Dynamics**

Kompressor, Hall & Co. sind bei fast jeder Recording-Software zahlreich an Bord, lassen sich als Plugins ergänzen oder aber als Hardware ins Rack schrauben. Was es alles gibt, was Sie benötigen und wie Sie es einsetzen, ergibt einen derart großen Themenbereich, dass dieser ein ganzes Buch füllt. Sie finden es unter dem Namen „Effekte und Dynamics" vom Autor dieses Buches bei PPVMEDIEN, weshalb wir hier gar nicht mehr auf diese Geräte eingehen.

# 9. Die Abhörschiene

Die wichtigsten Kontrollinstrumente im Studio sind die Ohren. Daher ist es sehr wichtig, sämtliche durch das Mischpult laufenden Signale separat abhören zu können. Nun gehen wir in diesem Buch aber davon aus, dass Sie in einem modernen, Computer basierten Heimstudio entweder nur ein relativ kleines Mischpult einsetzen und vieles mit dem virtuellen Pendant im Rechner mischen – oder gleich von Anfang an nur letzteres nutzen.

Haben Sie bereits gute Lautsprecher, einen Computer auf dem heutigen Stand der Technik, ein gutes Mikrofon und ein ebensolches Audio Interface, dann erhöhen Sie mit einem Abhör-Controller signifikant die Qualität Ihres Studios. Dieser erweitert Ihr Studio um Funktionen, die Ihr Mischpult nicht bietet.

Für ein optimales Ergebnis beim Mischen ist mehr zu beachten als nur die richtige Lautstärkebalance der Instrumente. Beispielsweise müssen neben der Stereosumme auch alle einzelnen Kanäle richtig ausgesteuert sein, damit keine Verzerrungen und kein Rauschen entstehen. Das einzelne Abhören aller Eingangssignale ist dazu sehr hilfreich. Auch die Ausspielwege zu den Effektgeräten verdienen Beachtung, denn im Mix sind nur die resultierenden Return-Signale zu hören, wodurch ein Fehler in den Aux-Sends nur allzu leicht übersehen wird. Und wenn Sie die Schwächen Ihres eigenen Mixes im Vergleich zu einer richtig gut klingenden CD hören möchten, werden Sie beim Mixdown häufig zwischen beiden Quellen umschalten, selbstverständlich ebenfalls ohne Beeinflussung des Summensignals. Alle diese Abhörfunktionen bieten Ihnen moderne Mischpulte und inzwischen auch die virtuellen Mischer der Software-Workstations. Für letztere benötigen Sie ein Audio-Interface mit genügend Ausgängen, um die einzelnen Signale auch aus dem Computer heraus zu bekommen und gegebenenfalls dem externen Controller zuzuführen.

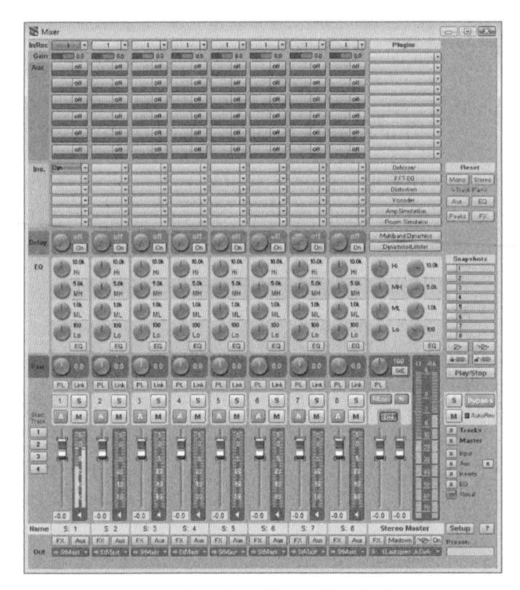


**Der Software-Mischer einer Recording-Software beschert dem Heimstudio Profi-Funktionen, jedoch keine vollwertige Abhörschiene.**

# Grundlagen

Um die verschiedenen Punkte im Signalfluss hörbar zu machen, steht neben der Stereosumme ein separater Abhörausgang zur Verfügung. Über einen Umschalter ist der Abhörausgang mit der Summe verbunden und führt im Regelfall das gleiche Signal. Aber wenn man den Umschalter betätigt, kann man auch andere Signale abhören, wodurch die Summenausgänge nicht beeinflusst werden. Dieser Umschalter trägt meist die Bezeichnung Control Room (CR), da er bestimmt, was im Regieraum zu hören ist.

Technisch kann man sich die Abhörschiene als separaten, in das Mischpult eingebauten Vorverstärker mit mehreren Eingängen vorstellen. Einer der Eingänge ist mit der Stereosumme, die anderen sind intern mit weiteren Punkten im Signalfluss oder mit Eingangsbuchsen für externe Geräte verbunden.

## PFL und AFL

Mit der Funktion PFL (Pre Fader Listening) lässt sich das Signal eines einzelnen Kanalzugs separat auf die Abhörschiene schalten. Durch einen Abgriff vor dem Fader und vor dem Panorama-Poti (Panpot) spielt die Stellung dieser Regler und damit die Lautstärke und Panoramaposition des Signals im Mix keine Rolle. PFL ist somit eine reine Abhörfunktion des Kanal-Signals in Mono und daher ideal geeignet, Fehler wie beispielsweise Verzerrungen im Kanalzug aufzuspüren.

Wenn der PFL-Schalter eines Kanals gedrückt ist, wird sein Pegel auf den Summen-Anzeigen des Mischpults dargestellt. Sofern das Pult keine Anzeigen in jedem Kanal besitzt, kann man auf diese Weise die Kanäle trotzdem exakt aussteuern. Da bei korrekter Aussteuerung jedes Kanalzugs die Einzelpegel in den Kanälen meist weitaus höher sind als ihr Anteil im Mix, steht in der Monitorsektion häufig ein separates Poti zur Abschwächung des PFL-Signals zur Verfügung, denn ansonsten wären die PFL-Signale beim Umschalten viel zu laut.

Eine Variante von PFL ist AFL (After Fader Listening), bei der das Signal hinter dem Fader abgegriffen wird. AFL findet man meist bei Aux-Wegen, um die Aussteuerung des zum Effektgerät ausgespielten Signals beurteilen zu können. Aber auch in den Kanalzügen ist AFL manchmal zu finden und ermöglicht dort das Abhören der Kanäle in der im Mix eingestellten Lautstärke.

PFL und AFL wirken nur auf die Abhörschiene und beeinflussen das Summensignal nicht.

## Solo

Während in alten Pulten häufig die AFL-Funktion den Namen Solo trug, meint diese Bezeichnung bei modernen Pulten stets „Solo In Place“. Der Name deutet an, dass außer dem Pegel auch die Panoramaposition des Signals im Mix erhalten bleibt, wenn Solo aktiviert wird. Dazu erfolgt der Abgriff hinter dem Fader und hinter dem Panpot, sodass Sie tatsächlich das Signal exakt so hören, wie es auch im Mix klingt. Wenn Sie die Return-Kanäle der beteiligten Effektgeräte nun ebenfalls auf Solo schalten, hören Sie alles, was in der Mischung zum selektierten Kanal gehört. Auf diese Weise können Sie Feineinstellungen wie beispielsweise leise Delays viel besser vornehmen, weil sie nicht von den restlichen Instrumenten verdeckt werden. Und um den rhythmischen Bezug nicht zu verlieren, können Sie beispielsweise auch die Drum-Spur gleichzeitig auf Solo schalten.

Wenn Sie auf diese Weise einen Effekt abgleichen, werden Sie sehr oft zwischen Solo und Summe umschalten. Dabei kommen schnell eine ganze Reihe Solo-Schalter zusammen, die jedes Mal zu drücken sind. Abhilfe schafft die Funktion Solo Safe, die bestimmte Kanäle vom Solo ausschließt, sodass sie auch dann hörbar bleiben, wenn in einem anderen Kanalzug die Solo-Taste gedrückt wird. Wenn Sie diese Funktion nun in den Effekt-Returns aktivieren, brauchen Sie jeweils nur die Solo-Taste eines Instruments zu drücken, um es gemeinsam mit allen beteiligten Effekten zu hören.

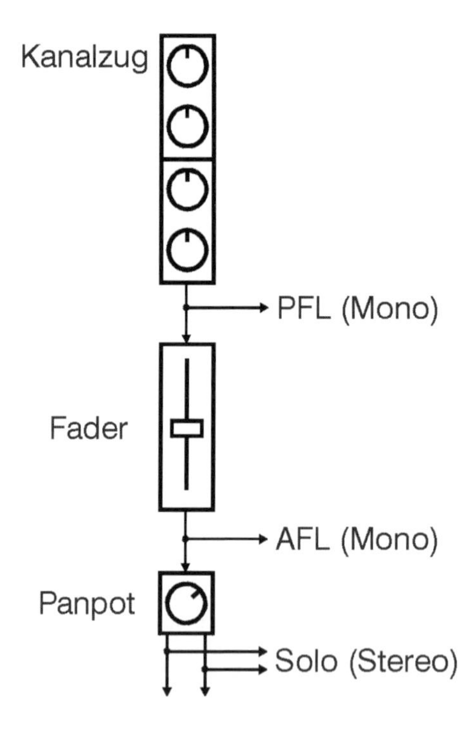


**Abgriff der Signale für PFL, AFL und Solo im Mischpult**

## Weitere Quellen

Die Schalter für PFL, AFL und Solo müssen für jeden Kanal vorhanden sein und sind daher auch innerhalb der Kanalzüge angeordnet. Weitere Schalter zur Anwahl anderer Abhörquellen befinden sich dagegen direkt in der Monitorsektion. Meist können hier sämtliche Aux-Wege abgehört werden, um die Ausspielungen zu den Effektgeräten zu kontrollieren.

Hardware-Mischpulte oder externe Monitor-Controller für DAWs haben weitere Stereo-Eingänge, die nicht zu den Kanälen, sondern ausschließlich zum Abhör-Umschalter führen. Früher nutzte man einen solchen Eingang für die Hinterbandkontrolle der Tonbandmaschine, die im Gegensatz zu heutigen digitalen Aufnahmeverfahren bei der Aufnahme den Klang noch ein wenig veränderte. Eine Kompensation dieses Verhaltens war besonders leicht möglich, indem man das bereits auf das Band aufgenommene Signal mit einem separaten Tonkopf gleich wieder abhörte. Aber auch heute sind solche Eingänge noch praktisch, um den Mix mit anderen Produktionen zu vergleichen oder einen Titel dem Sound anderer Tracks auf einem Album anzupassen.

**Vergleich mit der Lieblings-CD**

Wenn Sie ein Musikstück produzieren und sich bei der Abmischung oder der Einstellung Ihrer Effektgeräte nicht sicher sind, ob Sie den richtigen Sound getroffen haben, ist der Vergleich mit einer professionellen Aufnahme der gleichen Stilrichtung eine gute Idee. Aber auch professionelle Produzenten benötigen diese Vergleichsmöglichkeit, wenn sie beispielsweise ein Stück produzieren, das zu anderen, bereits vorhandenen Produktionen eines Albums passen soll.

Dazu schließen Sie einen CD-Player an die Two-Track-Eingänge Ihres Pults an und schalten während der Mischung zwischen Ihrem Mix und dem Vorbild hin und her. Verändern Sie nun die Einstellungen des Pults so, dass sich der Sound beider Stücke aneinander annähert.

Bei diesem Vergleich ist es sehr wichtig, dass die Pegel beider Quellen identisch sind, denn ansonsten werden Sie die lautere Quelle immer schöner und druckvoller empfinden. Außerdem können Sie bei gleichen Spitzenpegeln auch die Einstellung Ihres Summenkompressors an das Vorbild anpassen, da Sie dazu nur auf den subjektiven Lautstärkeeindruck zu achten brauchen. Allerdings sind die Ausgangspegel verschiedener Geräte nicht identisch, und während manche CD-Player zwar über einen Pegelregler verfügen, wird der Abgleich weiterer Quellen ohne Pegelregler wie beispielsweise Cassettenrecorder oder Mini-Disc-Player nicht möglich sein.

Aus diesem Grund sind separate Trimmer für alle Two-Track-Eingänge sehr wichtig. Unter Zuhilfenahme der Aussteuerungsanzeigen des Pults pegeln Sie damit jeden Eingang so, dass ein auf einem beliebigen Medium mit 0 dBFS aufgezeichnetes Signal in der Abhörschiene den gleichen Pegel erzeugt. Wenn Sie diese Kalibrierung einmal vorgenommen haben, können Sie die Signale objektiv vergleichen.

## Mehrere Abhören

Stehen mehrere umschaltbare Ausgänge zur Verfügung, kann man dort separate Endstufen und Lautsprecher anschließen. Der Grund für mehr als ein Lautsprecherpaar im Studio besteht in der Forderung, dass der erstellte Mix später auf allen Lautsprechern gut klingen soll und Schwächen eines Lautsprechers durch Umschalten auf einen anderen aufgedeckt werden. In der Praxis bewährt hat sich die Kombination eines möglichst guten, großen Lautsprecherpaars mit kleinen Nahfeld-Monitoren, wobei der größte Teil des Abhörens mit den kleinen Monitoren erledigt wird, die das Gehör nicht so schnell ermüden lassen. Eine gute Idee ist übrigens eine dritte Abhöre in gewollt schlechter Qualität, die gute Aufschlüsse über den Klang des Mixes im Low-End-Bereich zulässt. Während der sprichwörtliche Mono-Fernseher oder das Küchenradio langsam, aber sicher wirklich aussterben, kommen neue Low-End-Anwendungen auf den Markt, aufgrund derer die Notwendigkeit einer Überprüfung schlechter Wiedergabesituationen nicht überflüssig wird: Besonders Mobilfunk-Geräte, über die ein signifikanter Anteil der Musik-Downloads erfolgt, sind hier zu erwähnen.

Anstatt die verschiedenen Lautsprecherpaare mit einem Umschalter an eine einzige Endstufe anzuschließen, ist die Nutzung verschiedener Monitorausgänge des Pults oder Controllers sinnvoller. Nur so können Sie die Lautstärke der einzelnen Monitore mit den Pegelreglern der Endstufen abgleichen, sodass die Lautsprecher bei ein und derselben Stellung des CR-Potis auch gleich laut sind. Außerdem können Sie jedes Lautsprecherpaar mit einer darauf abgestimmten Endstufe betreiben.

**Monokompatibilität**

Ein Stereosignal mit gegenphasigen Anteilen kann Auslöschungen erzeugen, wenn es in Mono abgehört wird. Auch heute noch sind eine Vielzahl von einkanaligen Küchenradios und Fernsehern in Betrieb, die eine Monokompatibilität fordern, und auch bei der Pressung von Vinylplatten oder der Stereomatrizierung im Rundfunk ergeben sich große Probleme, wenn das Stereosignal gegenphasige Anteile enthält.

Die einfachste Möglichkeit zur Überprüfung der Monokompatibilität besteht darin, das Signal zwischendurch einmal in Mono abzuhören. Wenn Ihr Mix dann immer noch gut klingt und dabei wichtige Anteile wie beispielsweise der Hall nicht einfach verschwinden, ist alles in Ordnung.

Ein Mono-Schalter ist daher ein wichtiges Feature in der Abhörschiene, wünschenswert sind aber noch weitere Funktionen. Eine Einzelabschaltung der Lautsprecher erzeugt beispielsweise die beim Mono-Hören typische Fernsehlautsprecher-Situation, die einfach anders klingt als ein Phantom-Mono-Signal auf zwei Lautsprechern. Im Stereobetrieb ist das separate Abhören des linken und rechten Kanals ebenfalls interessant, da es sehr viel über die Ausgewogenheit der Mischung verrät. Oft gibt es auch einen Reverse-Schalter, der beide Kanäle vertauscht. Dadurch fällt die Kontrolle einer gleichmäßig gewichteten Mischung sehr leicht.

Bei sehr teuren Hardware-Pulten und durchdachten Software-Mischern findet man schließlich noch die Möglichkeit, die Differenz beider Kanäle zu erzeugen. Während ein Mono-Signal als Summe der Kanäle definiert ist, hören Sie bei der Differenzbildung exakt diejenigen Signalanteile, die sich bei der Monobildung auslöschen. Damit fällt die Kontrolle leicht: Was hier relativ laut zu hören ist, müssen Sie nachbessern.

## Studio Out und Talkback

Neben der Abhörmöglichkeit für den Regieraum befindet sich in der Monitorsektion eine weitere Abhörmöglichkeit, die für den Kopfhörermix des einspielenden Musikers im Aufnahmeraum zuständig ist und meist mit „Studio“ beschriftet ist. Hierfür steht ein separater Eingangswahlschalter zur Verfügung, der zwischen einem oder mehreren Pre-Fader-Aux-Wegen und dem im Regieraum abgehörten Signal wählt.

Während der Aufnahmesession müssen Musiker und Toningenieur miteinander sprechen können. Dabei ist der Musiker über den Mikrofonkanal im Regieraum gut zu hören, der Toningenieur benötigt jedoch eine Möglichkeit, auch den Musiker anzusprechen. Hier kommt die Talkback-Funktion ins Spiel. Mit Ihr wird das Signal eines Mikrofons in den Kopfhörerweg eingespeist und überträgt die Anweisungen aus dem Regieraum zum Musiker.

Manche Pulte haben zusätzlich einen Dim-Regler, mit dem eine Abschwächung der Abhöranlage im Regieraum bei offenem Talkback-Kanal eingestellt werden kann. Durch diese Möglichkeit wird die Rückkopplungsgefahr deutlich reduziert. Außerdem lässt sich die Dim-Funktion auch per Knopfdruck aktivieren. Nach einer kurzzeitigen Reduzierung der Abhörlautstärke, beispielsweise wenn das Telefon klingelt, kann man wieder exakt zu dem Pegel zurückkehren, der zuvor eingestellt war.

Komfortabel ausgestattete Großkonsolen verfügen zudem über eine Slate-Taste, die das Signal des Mikrofons gleichzeitig zur Stereosumme und allen Subgruppen führt. Auch auf Aux-Wege kann das Signal geroutet werden, um die Effektwege testweise zu beschicken. Diese Routing-Möglichkeit wird häufig gemeinsam mit einem Testton-Oszillator genutzt, der im Pegel einstellbare Sinustöne verschiedener Frequenzen zu den Ausgängen führen kann und damit Fehlersuche, Aussteuerung und Einmessung erleichtert.

## Externe Lösungen

Kleine Homerecording-Mischpulte und das virtuelle Studio im Computer bieten bei weitem nicht alle der vorgestellten Funktionen. Während Sie auf manches durchaus verzichten können, ist die Anwahl verschiedener Quellen und eine Ausspielmöglichkeit zu mindestens zwei Abhöranlagen eine elementare Voraussetzung für Ihre Studioarbeit. Da auch einfache Hardware-Pulte zumindest einen Two-Track-Eingang und einen Control-Room-Ausgang haben, können Sie Ihr Pult mit einer passiven Umschaltbox aus dem HiFi- oder Videobereich sehr kostengünstig erweitern. Diese kleinen Helfer sind im Elektronik-Fachhandel erhältlich und haben drei oder vier Stereoeingänge, die wahlweise auf einen Ausgang geschaltet werden.

Einen anderen Lösungsansatz stellt ein normaler HiFi-Verstärker dar. Wenn der Control-Room-Ausgang des Mischpults an einen seiner Eingänge angeschlossen wird, stehen die anderen Eingänge für die Zuspielquellen zur Verfügung. Die meisten HiFi-Verstärker haben auch zwei umschaltbare Lautsprecherausgänge, an die die Monitorboxenpaare angeschlossen werden können.

Für einen wirklich aussagekräftigen Vergleich zwischen zwei Signalen sind aber gleiche Pegel wichtig, und eine Möglichkeit zu deren Einstellung bietet weder die vorgestellte Billiglösung noch der HiFi-Verstärker. Sobald Sie diese Funktionen vermissen, sind Sie reif für einen externen Monitor-Controller. Bei der Computer-Workstation erfüllt ein solcher Controller ganz nebenbei noch eine zwar profane, aber essenziell wichtige Funktion: Die Regelung der Lautstärke der Abhöranlage lässt sich nämlich noch immer wesentlich besser mit einem intuitiv zu bedienenden Drehregler vornehmen, als hektisch mit der Maus an Bildschirmfadern zu ziehen, die im Falle eines Falles nicht sofort reagieren.

# 10. Achtung Aufnahme!

Jetzt kann es endlich losgehen: Sie nehmen Ihren ersten Song in Ihrem eigenen Studio auf. Dies erfolgt in Mehrspurtechnik in Ihrer Recording-Software: Nach und nach nehmen Sie jedes einzelne Instrument auf jeweils eine eigene Spur auf, um danach die Einzelspuren zu schneiden und zu bearbeiten und dann alle Spuren zusammen wiederzugeben und abzumischen. Wir gehen in diesem Buch davon aus, dass Sie das grundlegende Verfahren einer Mehrspuraufnahme schon kennen. Daher wissen Sie auch bereits: Akustische Instrumente, Vocals und alle Mikrofonaufnahmen nehmen Sie in Ihrer Recording-Software als Audio-Spur auf, sämtliche per Tastatur eingespielte Synthesizer- und Sampler-Sounds als MIDI-Spur.

## MIDI-Aufnahme

Erzeugen Sie eine neue MIDI-Spur, weisen Sie deren Ausgang einem virtuellen Klangerzeuger oder einem an den MIDI-Ausgang Ihres Computer-Interfaces angeschlossenen Hardware-Synthesizer zu und spielen Sie auf der Tastatur bei laufender Aufnahme die Synthesizer-Spur ein.

Während früher aufwändige MIDI-Interfaces eingesetzt wurden, tritt die Hardware-Schnittstelle im modernen Computer-Studio mit ausschließlich virtuellen Klangerzeugern vollständig in den Hintergrund, wird sie doch nur noch zum Anschluss des Masterkeyboards benötigt. An allen anderen Stellen ist es nur noch das MIDI-Datenformat, das Anwendung findet.

Beim Masterkeyboard handelt es sich um eine Tastatur ohne eigene Klangerzeugung, die zur Ansteuerung anderer Geräte dient. Je nach Ihrem Anspruch an die Virtuosität der einzuspielenden Spuren wählen Sie das Gerät, das Sie brauchen: Von der einfachen Plastik-Tastatur mit zwei Oktaven für deutlich unter 100 Euro bis hin zur gewichteten Piano-Tastatur aus Holz mit 88 Tasten für mehrere tausend Euro reicht hier das Spektrum. Der Sinn ist immer derselbe: Das Einspielen von Keyboard-Spuren in den Computer, der mit virtuellen Klangerzeugern wie beispielsweise VSTi-Instrumenten die Rolle der Rack-Synthesizer beziehungsweise Expander übernimmt.

**MIDI-Stecker und Kabel**

Die schon in den 1980er-Jahren nur noch von alten Kassettenrecordern bekannten DIN-Buchsen kamen mit Einführung des MIDI-Standards zu neuen Ehren. Einerseits war die Wahl naheliegend, weil Buchsen und Stecker in jedem Elektronikladen verfügbar waren und für keine im Studio- oder Live-Setup vorkommende Anwendung mehr benutzt wurden. Andererseits waren die wackeligen und nicht verriegelbaren Verbindungen von jeher im Profi-Lager verhasst.

Mit einem zweiadrigen Kabel mit gemeinsamer Schirmung, beispielsweise einem Mikrofonkabel, und zwei DIN-Steckern kann sich jeder leicht seine MIDI-Kabel selbst löten, wenn er das Anschluss-Schema beachtet. Da dieses von der ursprünglichen Steckerbelegung als Audiokabel abweicht, funktionieren alte DIN-Kabel aus Zeiten des Röhrenradios nicht, obwohl sie äußerlich nicht von MIDI-Kabeln zu unterscheiden sind.

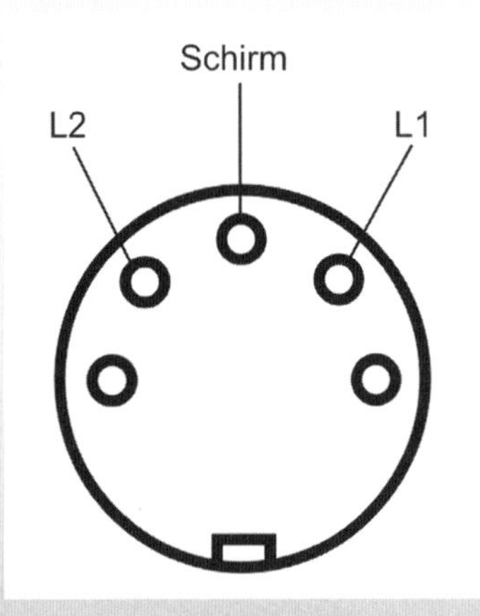


**Pinbelegung der MIDI-Buchse**

## MIDI-Datenübertragung

Die MIDI-Schnittstelle arbeitet seriell. Das bedeutet, dass alle Daten nacheinander übertragen werden. Jeder einzelne MIDI-Befehl, also beispielsweise derjenige, der besagt, dass eine Taste gedrückt wurde und daher nun ein Ton erklingen soll, besteht aus drei aufeinander folgenden Datenworten. Die Geschwindigkeit beträgt 31,25 Kilobaud, also 31,25 Bit pro Sekunde. Allein aus diesem Wissen können wir nun schon ableiten, dass Akkorde nie wirklich gleichzeitig erklingen! Zwar drückt auch der beste Pianist der Welt bei sehr genauer Betrachtung des Mikro-Timing nie alle Tasten eines Akkords gleichzeitig, jedoch war die Geschwindigkeit von 31,25 Kilobaud schon zu Zeiten der Entwicklung eher langsam und ist heute als absolut vorsintflutlich zu bezeichnen. Damals wie heute ist also die Erkenntnis wichtig, dass nur eine nicht sehr stark ausgelastete MIDI-Schnittstelle zufriedenstellend arbeitet. Eine voll belastete MIDI-Schnittstelle führt hingegen zwangsweise zu Timing-Problemen.

Wer noch mit Hardware-Klangerzeugern arbeitet, sollte daher möglichst ein MIDI-Interface mit mehreren MIDI-Schnittstellen verwenden, die separat angesprochen werden können. Werden dennoch mehrere Klangerzeuger über einen MIDI-Ausgang angesteuert, können sie über die Thru-Buchsen in der Art eines Bus-Systems hintereinander geschaltet werden. Die Möglichkeit des separaten Ansteuerns ist dabei nach wie vor gegeben, weil MIDI mit bis zu 16 Kanälen arbeiten kann. Neben den schon beschriebenen Timing-Problemen durch Überlastung der Schnittstelle kann es bei zu langen Thru-Ketten aber auch zur Verstümmelung der Daten kommen, da die Daten am Thru-Ausgang nicht logisch aufbereitet, sondern nur durch einen Optokoppler weitergeleitet werden. Abhilfe schafft eine Thru-Box, die das Signal ihres Eingangs gleichzeitig an mehrere Ausgänge leitet. Mit ihrer Hilfe können zu lange Thru-Ketten wirksam vermieden werden, da die Expander nun sternförmig angeschlossen werden.

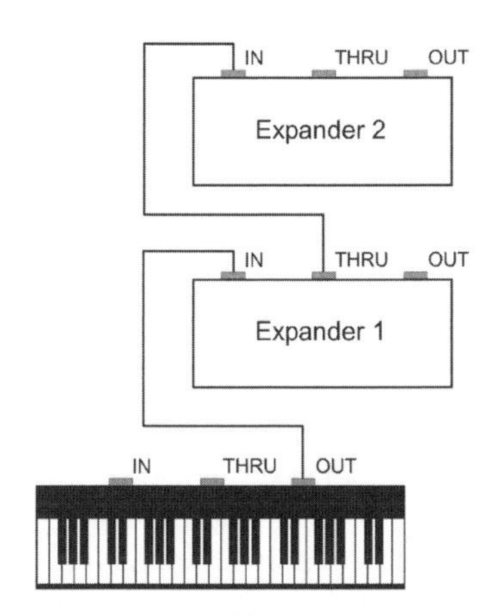


**Anschluss mehrerer Expander an ein Masterkeyboard über die Thru-Buchsen**

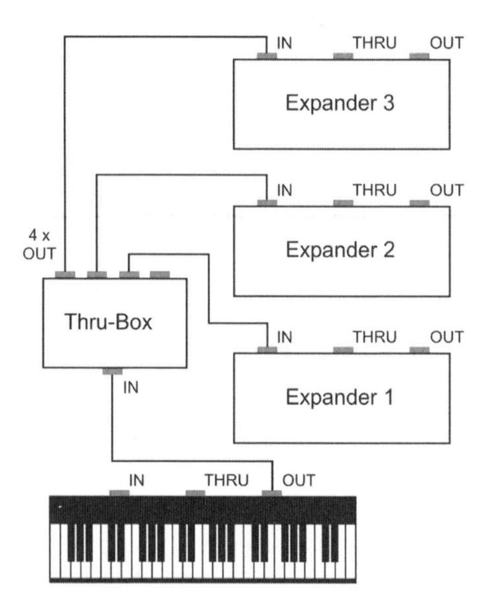


**Sternförmiger Anschluss der Expander mittels Thru-Box**

Sollen mehrere Eingänge an einen Ausgang weitergeleitet werden, ist der Vorgang übrigens gar nicht so einfach. Da jeder MIDI-Befehl ja aus drei Datenworten besteht und diese in ihrer Abfolge unbedingt zusammen bleiben müssen, muss ein MIDI-Mischer die Datenstruktur erkennen und das Ausgangssignal entsprechend neu aufbauen. Dieser Vorgang wird als Merging bezeichnet.

**Die Elektronik**

Von eigenen Basteleien an MIDI-Schnittstellen sei an dieser Stelle entschieden abgeraten. Sie wären nicht der Erste, der seinen teuren Synthesizer dadurch in die ewigen Jagdgründe befördert. Andererseits sterben Geheimtipps und Baupläne nicht aus: War es damals der zweite MIDI-Port am Drucker-Anschluss des Atari, ist es heute der Adapter für den Joystick-Port der Soundkarte, der die Anschaffung eines richtigen MIDI-Interfaces überflüssig machen soll. „Aber Vorsicht“, sang einst schon Peter Steiner: Befindet sich in der angeblich so tollen Schaltung kein Optokoppler, ist sie als gefährlich einzustufen. Die richtige Beschaltung der MIDI-Schnittstelle zeigt folgendes Schema. Wenn Sie selbst vom Fach sind oder einen Radio- und Fernsehtechniker kennen, der Ihnen behilflich ist, können Sie damit die guten und schlechten Schaltungen entlarven oder aber falsche Schaltungen so anpassen, dass sie gefahrlos funktionieren.

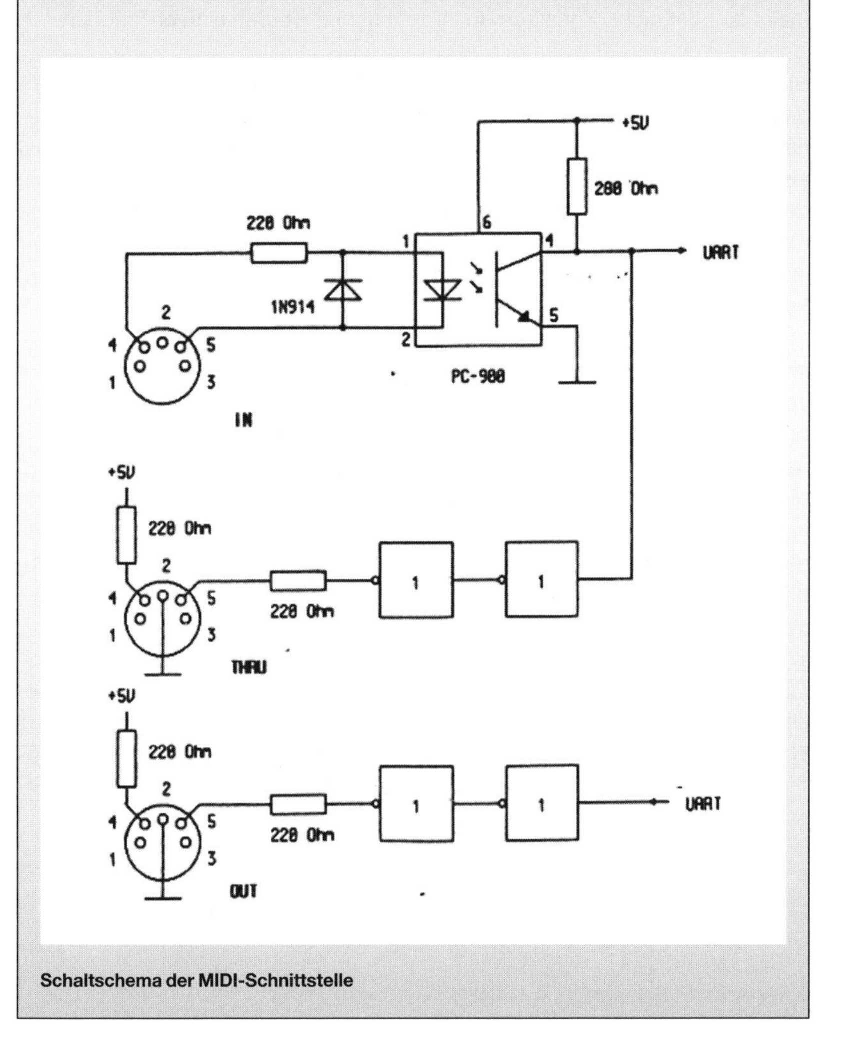


**Schaltschema der MIDI-Schnittstelle**

# MIDI-Kanäle

Mehrere per Thru-Funktion verbundene, also entweder über die Thru-Buchsen durchgeschleifte oder aber über eine Thru-Box sternförmig verkabelte Expander erhalten exakt dasselbe MIDI-Signal. Dennoch müssen nicht alle das gleiche spielen, denn MIDI kann bis zu 16 Geräte selektiv ansprechen. Das geschieht über die 16 MIDI-Kanäle. Jede MIDI-Information enthält immer auch eine Kanalinformation, sodass der jeweils angeschlossene und entsprechend eingestellte Expander weiß, ob er mit dieser Information gemeint ist oder nicht. Kanalfremde Informationen werden einfach ignoriert.

Bleiben wir zunächst bei der Kombination aus Masterkeyboard und Expander, ergeben sich durch die MIDI-Kanäle bereits viele Möglichkeiten. Zunächst muss man am Master-Gerät den Sendekanal einstellen, der meist als Transmit Channel bezeichnet wird. Entsprechend ist am Slave-Gerät der Empfangskanal einzustellen, der Receive Channel heißt. Sind mehrere Expander angeschlossen, ist die Betriebsart Stacking die einfachste. Hier spielen alle Expander schlichtweg das gleiche, sie bilden nur einen volleren Sound.

Mit der Funktion Keyboard Split kann man verschiedene Tastaturzonen auf verschiedenen Kanälen senden lassen. Beim Live-Konzert spielt der Keyboarder dann beispielsweise unten einen Bass und oben Klavier, wobei beide Sounds aus unterschiedlichen Expandern kommen. Bietet das Keyboard die Split-Funktion nicht, können viele Expander mit einer Funktion namens Key Window dazu gebracht werden, nur Noten aus einem bestimmten Bereich wiederzugeben. Dann kann man sie auf demselben Kanal ansteuern, weil die Selektion im Gerät anhand der Tonhöhe erfolgt.

So etwas würden Sie im Heimstudio niemals einsetzen? Selbstverständlich nicht, denn mit Ihrem Computer geht das Routing um Welten besser. Aber kennen sollten Sie diese Funktionen trotzdem, denn Sie benötigen dieses Wissen bei der Fehlersuche, wenn Ihr Synthesizer trotz korrektem MIDI-Routing auf die eingehenden und per MIDI-LED am Gerät auch sichtbaren Signale partout nicht reagieren will.

## Multitimbrale Synthesizer

Aktuelle Synthesizer können auf mehreren MIDI-Kanälen gleichzeitig empfangen, wobei jedem Kanal ein eigener Sound zugeordnet wird. So spielt ein Synthesizer beispielsweise auf Kanal 1 einen Bass-Sound, auf Kanal 2 ein Piano und auf Kanal 3 einen Flächensound. Damit verhält er sich wie drei separate Expander, die per Thru-Funktion angeschlossen sind und jeweils auf einem Kanal empfangen.

## Arbeiten mit heutigen Sequencern

Im Vergleich zu den ersten Sequencern sind wir heute um Generationen fortgeschritten. Audiospuren werden nicht nur mit jedem Standard-Computer in einer Qualität aufgenommen, die damals nur den größten HighEnd-Studios vorbehalten war, sondern Audio-Spuren lassen sich ganz genauso schneiden und verschieben wie MIDI-Spuren. Bei MIDI-Spuren schätzen wir die Möglichkeiten der flexiblen Nachbearbeitung. Wenn das aber erledigt ist, gilt heutzutage vor dem Mixdown exakt das Gegenteil der Anfangszeiten von MIDI: Möglichst alle MIDI-Spuren sollten unbedingt als Audio-Spur aufgenommen werden!

Während das bei virtuellen Plugin-Klangerzeugern oft sogar offline und schneller als in Echtzeit geht, müssen die Signale externer Geräte über Ihr Audio-Interface aufgenommen werden. Schalten Sie dabei unbedingt alle anderen MIDI-Spuren stumm, die ebenfalls mit externen Klangerzeugern verbunden sind und nehmen Sie immer nur das Ausgangssignal eines einzigen Instruments gleichzeitig auf. Nur so erhalten Sie bestmögliches Timing. Denn während die MIDI-Spuren intern im Rechner mit einem Vielfachen der ursprünglichen Geschwindigkeit mit Ihren Plugins kommunizieren, bleibt bei Verwendung der realen MIDI-Schnittstelle die Spezifikation natürlich bestehen. Und wie gesagt, MIDI ist langsam. Nur durch konsequente Überspielung jedes einzelnen Instrumentes erhalten Sie bestmögliches Timing.

Ganz nebenbei haben Sie den Vorteil, dass Sie ihre Songs auch später noch einmal remixen können, da ja alle Signale und auch die Mischungsverhältnisse und Effektbearbeitungen abgespeichert sind. Schließlich haben Sie unmittelbar vor dem Mixdown nur noch Audiospuren, die zugrunde liegenden MIDI-Spuren sind stumm geschaltet. Das war früher nicht so, als Audiospuren Mangelware waren und rauschten: Man mischte damals die Ausgangssignale der Synthesizer direkt ab. So mancher, der einen vermeintlich nicht mehr benötigten Synthesizer vorschnell verkauft hat, bekam massive Probleme, wenn er zehn Jahre später der Plattenfirma einen Remix abliefern sollte und seine MIDI-Spuren nicht mehr sinnvoll wiedergeben konnte.

**Mehr MIDI**

MIDI-Spuren erlauben umfangreiche Bearbeitungen. In Pianorollen-Editoren können Sie Timing und Tonhöhe eingespielter Noten im Nachhinein verschieben, Sie können Pitchbend-Verläufe per Maus zeichnen, und Sie können auch ganz tief in der MIDI-Datenstruktur etwas verändern. Dazu ist es wichtig, das MIDI-Protokoll besser kennen zu lernen.

# 11. Die Gesangsaufnahme

In vielen heutigen Pop-Songs stellt der Gesang die einzige akustische Aufnahme dar. Alle anderen Spuren kommen von Synthesizern, die per MIDI aufgenommen werden und im Falle virtueller Klangerzeuger ihr Audio-Signal direkt im Computer erzeugen. Daher ist die Gesangsaufnahme besonders im Heimstudio eine Art Ausnahme-Situation. Und eine wichtige dazu, denn die Gesangsspuren bestimmen ganz wesentlich den gesamten Charakter des Songs.

Das Geheimnis einer guten Gesangsaufnahme liegt darin, die Höchstleistung der Sängerin zu bekommen. Das Beherrschen der Technik ist dabei als notwendige Voraussetzung zu sehen. Wohlfühl-Atmosphäre und ein Mikrofon, das nicht nur gut klingt, sondern auch professionell aussieht, wirken anspornend. Ganz wichtig für eine gute Gesangsdarbietung ist aber auch, dass die Sängerin sich vernünftig hört.

## Monitoring

Der einfachste Weg besteht darin, den Kopfhörer mit dem gleichen Signal zu speisen, das auch die Lautsprecher im Regieraum wiedergeben. Bei der Mischung müssen Sie unbedingt auf die Wünsche der Sängerin eingehen, denn ihr Monitor-Sound beeinflusst wesentlich den gesanglichen Ausdruck. Dass Sie im Regieraum die gleiche Mischung hören, ist nicht weiter schlimm, denn der Mixdown erfolgt ja erst viel später, und bis dahin können Sie die Einstellungen an Ihrem Pult wieder ändern.

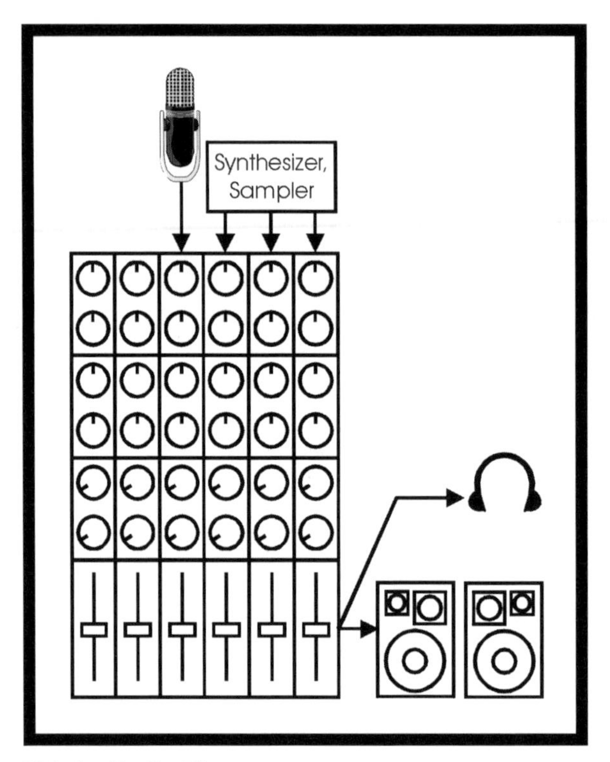


**Einfacher Monitor-Mix**

Die Kopfhörermischung soll der Sängerin drei Aspekte während des Gesangsvortrags erleichtern: Sie soll korrekt phrasieren, also im Groove singen. Sie soll außerdem korrekt intonieren, also den Ton treffen. Und sie muss den Klang der eigenen Stimme kontrollieren können. Damit das möglichst gut gelingt, sind im Mix die dafür nötigen Elemente zu betonen. Überflüssiges irritiert dagegen nur und ist im Pegel deutlich abzusenken oder gar zu entfernen.

Um im Groove zu bleiben, sind die Rhythmus bestimmenden Instrumente der Drum-Spuren und die Bassspur wichtig. Allzu hektisches Gezappel mit Tambourin oder Cabasa verwischt dagegen den Rhythmus und kann abgesenkt werden. Für die Intonation benötigt die Sängerin die melodieführenden Instrumente und weitere Spuren, die eine eindeutige Tonhöhe erkennen lassen. Breite Streicher- und Flächensounds, die womöglich noch mit satten Chorus-Anteilen belegt sind, gehören dagegen nicht in den Monitormix.

Wenn in einigen Passagen keine anderen Instrumente beteiligt sind, müssen diese Spuren trotzdem herangezogen werden. Dann ist es eine gute Idee, den Chorus auszuschalten oder vorübergehend einen anderen Sound zu verwenden, der die Tonhöhe besser erkennen lässt. Am besten erstellen Sie den Mix in Zusammenarbeit mit der Sängerin, die meist schon aus Erfahrung weiß, was sie hören muss.

Sehr wichtig für die Sängerin ist auch der Klang ihrer eigenen Stimme im Monitormix. Manche Sängerinnen bevorzugen einen extrem lauten Monitor, um alle akustischen Übertragungswege auszuschalten und die eigene Stimme nur über den Kopfhörer wahrzunehmen. Entsprechend gut muss hier der Sound eingestellt sein. Kompressor- und Equalizer-Einsatz sind erlaubt. Auch ein wenig Hall sollten Sie auf die Stimme geben, denn die meisten Sängerinnen fühlen sich mit Hall deutlich wohler und singen damit um Klassen besser. Dass das alles nicht mit aufgenommen werden darf, versteht sich von selbst. Den Sound sollten Sie durch Probieren ermitteln und mit der Sängerin durch Nachfragen über den Talkback-Weg abstimmen. Wenn die Sängerin partout keinen Hall möchte, sollten Sie sie übrigens nicht in der Hoffnung auf eine bessere Aufnahme dazu überreden. Manche Sängerinnen können nämlich nur bei absolut trockenem Monitorsignal sauber intonieren.

## Separater Mix

Haben Sie Ihre Mischung auf die für Groove und Intonation wichtigsten Instrumente reduziert und singt die Sängerin dann auch noch ganz ohne Hall, können Sie eventuell nicht mehr beurteilen, ob sich die gerade eingesungene Version perfekt in Ihr Arrangement einfügt. Die Lösung besteht in einem separaten Monitormix, den Sie unabhängig von Ihrem Mix im Regieraum erstellen. Dafür benötigen Sie ein Pult, dessen Aux-Wege sich vor den Kanal-Fadern abgreifen lassen, also in die Stellung „Pre Fader" geschaltet werden können. Nun erstellen Sie mit den Fadern den Mix im Regieraum und mit den Aux Send-Reglern den unabhängigen Monitormix. Das Aux Send-Signal führen Sie dem Kopfhörer zu. Wenn Sie der Sängerin einen Stereo-Mix bieten möchten, brauchen Sie für die zwei Kanäle natürlich zwei Aux-Wege. Und um Hall in den Monitormix zu bekommen, muss auch der Effekt-Return Ihres Hallgeräts auf den Aux-Bus geroutet werden können. Falls Ihr Mischpult das nicht ermöglicht, sollten Sie zwei Kanalzüge als Return verwenden. Dort können Sie das Hallsignal dann über den Aux-Regler in den Monitorweg einspielen. Bei solchen Routings müssen Sie sich allerdings über die Feedback-Gefahr im Klaren sein, denn der andere Aux Send-Regler, der den Eingang Ihres Hallgeräts beschickt, ist in diesem Kanalzug nun natürlich tabu.

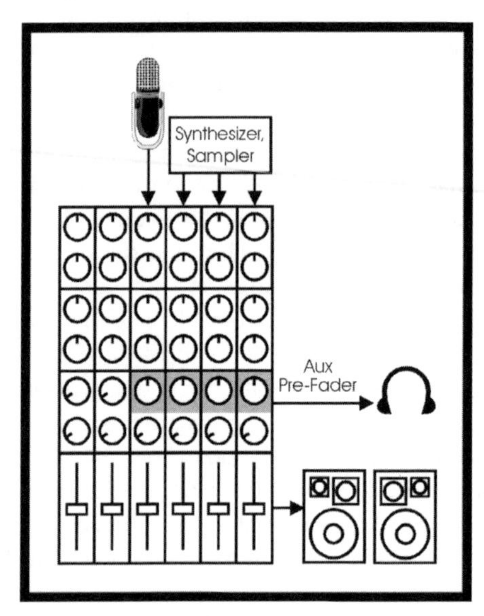


**Separater Monitor-Mix**

Einige Mischpulte verfügen über weitergehende Möglichkeiten und lassen eine komfortablere Arbeit mit dem Monitorsignal zu. Von fest verdrahteten Stereo-Aux-Wegen, die dann den Namen Monitor, Cue oder Foldback tragen und über einen separaten Ausgang verfügen, bis zu splitbaren Equalizern und eigenen Kopfhörer-Summen sind in einigen Studiopulten viele verschiedene Varianten zu finden, die das Routing erleichtern und die Bedienung übersichtlicher machen.

## Welcher Kopfhörer?

Bei der Wahl des Kopfhörers sollten Sie sich ein paar Gedanken machen. Die technisch beste Lösung bietet ein geschlossener Kopfhörer, denn aus diesem dringt am wenigsten Schall nach außen. Das Gesangsmikrofon nimmt nämlich nicht nur die Stimme auf, sondern auch das Lecksignal aus dem Kopfhörer. Dieses überlagert sich später in der Mischung mit den anderen Spuren und führt zu einem matschigen Sound, oder es ist in A-Capella-Passagen sogar eigenständig wahrzunehmen.

**Kopfhörer-Verstärker**

Der Anschluss des Kopfhörers gestaltet sich nicht immer unproblematisch. Wenn Ihr Pult einen geeigneten Kopfhörer-Ausgang hat, dessen Routing frei wählbar ist, sind sie natürlich fein raus. Sie schalten ihn einfach auf den als Monitorweg benutzten Aux-Send. Wenn Sie im Regieraum auch mit einem Kopfhörer arbeiten möchten und Ihr Pult nur einen Ausgang hat, oder wenn der Ausgang zwar frei ist, sich jedoch nicht auf den Aux-Weg schalten lässt, haben Sie nur das Line-Signal des Aux-Send-Ausgangs zur Verfügung. Dieses müssen Sie einem separaten Kopfhörerverstärker zuführen.

Ein solches Gerät ist aber ohnehin eine sinnvolle Anschaffung. Denn oft sind die in Mischpulten vorhandenen Kopfhörerausgänge klanglich nicht besonders gut oder einfach zu leise.

Manche Sänger können unter dem hermetischen Abschluss eines geschlossenen Kopfhörers aber nicht singen und benötigen daher einen offenen. In diesem Fall müssen Sie darauf achten, den Monitormix nicht zu laut wiederzugeben. Es gibt auch sogenannte halboffene Kopfhörer, die einen guten Kompromiss darstellen. Wenn Sie sich übrigens wundern, warum Sie immer noch Nebengeräusche im Mikrofonkanal hören, obwohl Sie den Kopfhörermix schon ganz leise gezogen haben, hilft manchmal folgender Tipp: In Ihrer letzten Aufnahmesession hatten Sie mit mehreren Musikern gearbeitet, deren Kopfhörer im Aufnahmeraum noch munter mitplärren. Schließen Sie also gewohnheitsmäßig nach jeder Session erstmal die Kopfhörer-Regler.

**Akustik-Trick**

Sänger, deren Wurzeln in der klassischen Musik liegen, benötigen zum Singen unbedingt ihr normales Hörempfinden. Oft hilft es ihnen, den Kopfhörer über nur ein Ohr zu ziehen und mit dem anderen ganz normal zu hören. Wenn selbst das nicht geht, hilft folgender Trick: Geben Sie das Monitorsignal einfach über Lautsprecher wieder! Dazu kann der Sänger ohne die Behinderung eines Kopfhörers singen. Weil das Monitorsignal dann allerdings vom Mikrofon mit aufgenommen wird, müssen Sie noch einen zweiten Arbeitsgang ausführen. Nach der Gesangsaufnahme behalten Sie alle Einstellungen bei, spielen das Monitorsignal erneut ab und wiederholen die Aufnahme auf einer weiteren Spur.

Auch der Sänger bleibt an seiner Position stehen, singt jedoch nicht. Danach mischen Sie beide Spuren im Verhältnis 1:1 zusammen, wobei Sie die zweite Aufnahme in der Phase invertieren. Dadurch löscht sich alles aus, was auf beiden Spuren gleich ist, und der reine Gesang bleibt übrig. Das Verfahren funktioniert verblüffend gut, allerdings müssen Sie dafür sorgen, dass sich die Parameter wirklich nicht verändern. Geringe Abweichungen in der Lautstärke der Wiedergabe oder eine veränderte Position des Sängers vor dem Mikrofon können schon dazu führen, dass die Auslöschung nicht perfekt klappt.

## Routing

Das Routing des Mikrofonkanals auf die Stereosumme schalten Sie am besten aus und schließen auch alle Aux-Sends dieses Kanals. Um den Gesang im Regieraum und im Monitorweg zu hören, öffnen Sie statt dessen die Return-Kanäle der Aufnahmespur. Diese schleift nämlich das Eingangssignal bei der Aufnahme an die Ausgänge durch. Das Abhören dieses Signals bringt Ihnen viele Vorteile. Zunächst können Sie alle Einstellungen des Eingangskanals ausschließlich für die Aufnahme optimieren. Equalizer ausschalten und optimal aussteuern sind hier oberste Devise. Wie Sie den Abhör-Kanal einstellen, ist für die Aufnahme dagegen vollkommen egal, Sie können hier nach Herzenslust am Equalizer und Kompressor schrauben und dem Sänger einen Monitormix bereitstellen, der sich nur nach seinen Belangen richtet. Außerdem können Sie nach der Aufnahme einfach an den Startpunkt springen und ohne Änderung der Pulteinstellungen abhören, da Sie ja ohnehin auf das Wiedergabesignal geroutet haben. Und schließlich ist nur mit diesem Routing der Punch-Betrieb möglich, in dem die Spur im „Bandmaschinen-Modus“ selbsttätig zwischen Eingangs- und Ausgangssignal umschaltet.

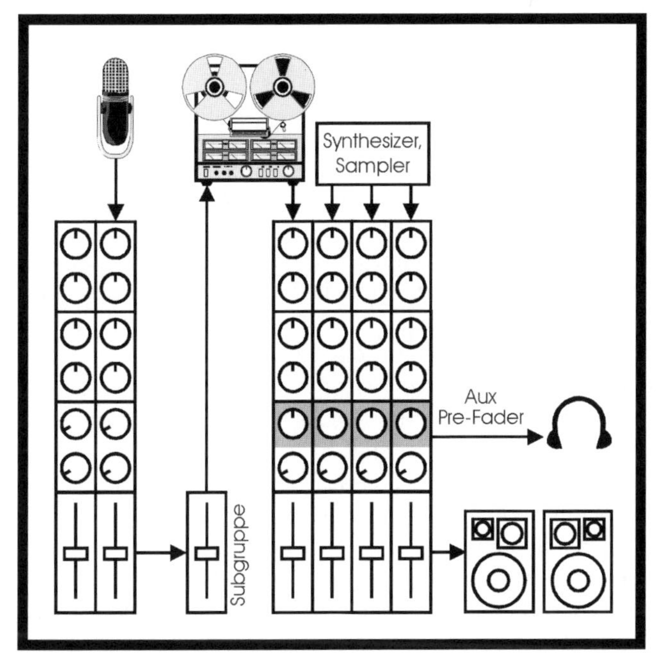


**Das Routing für den Bandmaschinenmodus**

## Aufnahme

Generell sollten Sie die Aufnahme so hoch wie möglich aussteuern. Andererseits sind Übersteuerungen unbedingt zu vermeiden. Daher müssen Sie nach oben ein wenig Luft lassen, den sogenannten Headroom. Kontrollieren Sie bei einem Test-Durchgang vor der Aufnahme die Aussteuerung an allen wichtigen Punkten: Im externen Mikrofon-Vorverstärker, im Kanalzug des Pults und an der Aufnahmespur. Dabei singt Ihre Sängerin erfahrungsgemäß leiser als bei der späteren Aufnahme. Sänger erzeugen eine gewaltige Dynamik, deren Umfang durchaus 50 bis 60 dB betragen kann. Sopranistinnen erreichen sogar Spitzenwerte von 100 dB. Wenn also beim Testlauf alles gut ausgesteuert war, wickeln sich die Zeiger Ihrer Aussteuerungsinstrumente um den Anschlag, wenn die Sängerin später richtig in Stimmung kommt. Darüber sollten Sie sich nicht aufregen, sondern freuen – Ihre Sängerin ist eben kein Synthesizer, sondern sie lebt! Statt dessen wählen Sie von Anfang an einen etwas größeren Headroom. Und wenn der auch nicht mehr reicht, müssen Sie den Pegel eben etwas zurücknehmen. Übrigens sollten Sie bereits beim ersten Test vorsichtshalber die Aufnahme mitlaufen lassen. Nicht selten kommt es vor, dass gerade diese Aufnahme erstklassig wird und auch bei noch so häufigem Wiederholen später nicht mehr reproduziert werden kann.

Wenn Ihr Sänger eine sehr große Dynamik produziert, ist es eine gute Idee, schon bei der Aufnahme einen Kompressor einzusetzen. Wohlgemerkt, es handelt sich hier nicht um den Kompressor für den Monitorsound, da dieser sich ja im Wiedergabekanal befindet und nicht mit aufgenommen wird. Den Aufnahme-Kompressor schleifen Sie dagegen in den Insert des Mikrofonkanals ein. Aber gehen Sie vorsichtig damit um, denn an dieser Stelle gilt: Weniger ist mehr. Es geht nur darum, einen zu großen Dynamikumfang an die technischen Einschränkungen des Aufnahmemediums anzupassen. Betreiben Sie an dieser Stelle keinesfalls schon Klangformung, das können Sie viel besser später im Mixdown machen. Mit dem Aufnahme-Kompressor erreichen Sie, dass leise Passagen leicht angehoben werden und nicht so schnell im Grundrauschen untergehen. Und laute Passagen werden gedämpft, wodurch eine Übersteuerung verhindert wird. Wer noch mit einem Analogband arbeitet, kann eine Übersteuerung kurzer Signalspitzen durchaus zulassen. Extrem kurze Transienten werden hinterher gar nicht mehr hörbar sein, und einzelne Impulse werden durch die Bandkompression günstig beeinflusst. Das können Sie sogar so weit treiben, dass Sie geringe Verzerrungen durch die magnetische Bandsättigung bewusst herbeiführen, um einen druckvolleren Sound zu erzielen. Mit einem digitalen Aufnahmemedium sind solche Methoden allerdings nicht erlaubt, da sie sofort zu heftigen Verzerrungen führen. Daher ist es eine gute Idee, für alle Fälle einen Limiter in den Signalweg zu schalten, der bei drohender Übersteuerung das Signal begrenzt.

Kritisch für eine Aufnahme sind Zischlaute wie S, ß, SCH und Z. Hier drohen kräftige Übersteuerungen, die sich allerdings durch korrekte Aussprache und Mikrofontechnik weitgehend vermeiden lassen. Wenn Ihr Sänger damit Probleme hat und die Pegel dieser Laute so hoch sind, dass Sie die Aussteuerung zu weit zurücknehmen müssten, sollten Sie bei der Aufnahme einen De-Esser einsetzen, um nicht wertvollen Rauschabstand zu verschenken.

## Punching

Am Beginn und am Ende Ihrer geplanten Aufnahme setzen Sie zunächst den linken und rechten Locator. So können Sie den ganzen Song am Stück aufnehmen, aber auch jede Strophe und jeden Refrain einzeln einsingen lassen. Nur wirklich schlechte Takes sollten Sie gleich wieder überspielen, bei mittelmäßigen weichen Sie lieber auf eine andere Spur aus und behalten die alte Aufnahme, um später auswählen zu können. Viele Systeme ermöglichen die Cycle-Aufnahme, bei der man einen Loop definiert, der ständig wiederholt wird. Bei jedem Durchgang kann der Sänger erneut singen, und die Aufnahmen werden entweder auf parallele, virtuelle Spuren abgelegt oder auf der Aufnahmespur aneinandergehängt. So können Sie später den besten Take aussuchen.

Ein Take, der zwischen einem guten Anfang und Ende in der Mitte einen Fehler hat, lässt sich entweder schneiden oder aber altmodisch mittels Punching retten: Setzen Sie die Locator-Punkte in kurze Pausen vor und nach dem Fehler. Weiterhin definieren Sie eine Preroll- und Postroll-Zeit. Die Recording-Software wird dann vor dem Locator mit der Wiedergabe beginnen und am Locatorpunkt selbständig auf Aufnahme umschalten. Beim zweiten Locatorpunkt beendet sie die Aufnahme und setzt die Wiedergabe fort. Im „Bandmaschinenmodus" hört die Sängerin zunächst die Wiedergabe, und bei der Aufnahme hat sie automatisch ihr Monitorsignal im Kopfhörer.

## Dropping

Sind alle Takes im Kasten, muss aus den vielen Aufnahmen eine Gesangsspur zusammengesetzt werden. Dazu hört man alle Takes durch und notiert sich für alle Teile des Songs, welche Spur den besten Take enthält. Was beim analogen Band zu einer recht akrobatischen Übung werden konnte, ist heute ganz einfach: Sie klicken Ihre Takes per Mausklick auseinander, und wenn danach ein Atmer fehlt, kleben Sie ihn einfach wieder an – das sind die Vorteile der nicht destruktiven und objektorientierten Technik!

Beim Zusammenschneiden der Takes können sich aber Probleme ergeben. Oft passen zwei Aufnahmen, die für sich genommen hervorragend klingen, einfach nicht zusammen. Sofern nur die Pegel der angrenzenden Bereiche unterschiedlich sind, lässt sich dies noch mit einer Lautstärke-Hüllkurve beheben. Verschiedener Ausdruck oder andere Phrasierung lassen sich jedoch im Nachhinein entweder gar nicht oder nur mit erheblichem Aufwand angleichen. Daher sollten Sie die aufgenommenen Takes so lange aufbewahren, bis Ihre komplette Gesangsspur fertig ist.

# Bearbeitung der Vocal-Spuren

Gesang in überzeugender Form in einen Song zu integrieren, ist eine der schwierigsten Studioaufgaben überhaupt. Durch unsere tägliche Hörerfahrung kennen wir seit unserer Kindheit den Klang der menschlichen Stimme so genau, dass uns selbst kleinste Verfärbungen und Unnatürlichkeiten auffallen. Außerdem ist der Gesang in einer Mischung das Instrument, auf das wir am meisten achten. Schließlich ist im Text die meiste Information, und wenn wir ein bisher unbekanntes Stück eindeutig einem bestimmten Act zuordnen können, identifizieren wir es in der Regel an der Stimme des Sängers. Dieser feinfühligen Wahrnehmung muss die Qualität unserer Gesangsspur also genügen. Das fällt besonders schwer, weil ein Sänger aus Fleisch und Blut nun mal keine Maschine ist und auch kein konstantes, beliebig formbares Signal liefert. Hier ist also Nachbearbeitung angesagt.

# Frequenzanalyse

Um eine Stimme richtig bearbeiten zu können, sollten wir zunächst wissen, aus welchen Bestandteilen sie sich zusammensetzt. Besitzen Sie einen Synthesizer und einen grafischen Equalizer? Dann machen Sie doch einmal folgendes Experiment: Mischen Sie einer Sägezahnwelle mit 100 Hz ein Rauschen zu, und schicken Sie das Ganze durch den grafischen Equalizer, dessen Regler Sie alle ganz nach unten schieben. Ziehen Sie nun das 1-kHz-Band voll auf, und Sie hören ein A. Wenn Sie statt 1 kHz das 500-Hz-Band wählen, ist es ein O. Bei 250 Hz ergibt sich ein U. Interessant wird es bei der Kombination zweier Bänder: Wenn Sie 250 Hz halb und 3,5 kHz ganz öffnen, hören Sie ein I. Die gleiche Kombination aus 500 Hz und 2,5 kHz ergibt ein E. Zugegeben, man muss schon recht genau hinhören, aber der Effekt ist verblüffend.

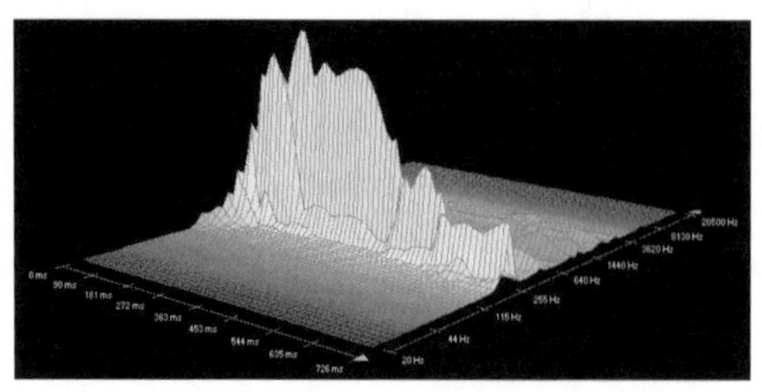


**Spektralanalyse des Vokals „U“: Zu sehen ist fast ausschließlich die Komponente bei 250 Hz.**

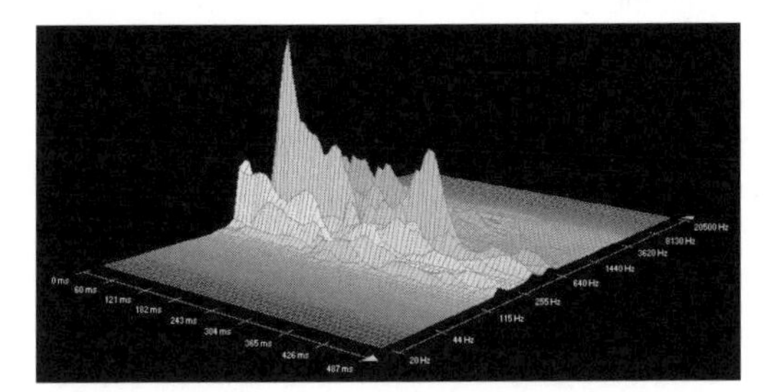

**Spektralanalyse eines gesungenen „Yeah!". Gut zu erkennen die Abfolge der Vokale „E" und „A".**

Wer eine Frequenzanalyse seiner Aufnahmen erstellen kann, sollte auch einmal den umgekehrten Versuch durchführen und sich einzelne gesungene Vokale anschauen. Mit der Software Wavelab ist dies beispielsweise sehr komfortabel möglich. Der Equalizer-Versuch lässt sich damit eindeutig beweisen, und wir können uns als erste Regel merken, dass der Informationsgehalt der menschlichen Stimme im Kernfrequenzbereich zwischen 250 Hz und 3,5 kHz angesiedelt ist. Da nur Vokale eine Tonhöhe besitzen können, wird dieser Frequenzbereich beim Gesang besonders betont.

Für guten Sound braucht es aber mehr: Unterhalb der Kernfrequenzen, also zwischen 100 Hz und 250 Hz, befindet sich der Bauch oder die Wärme der Sprachinformation. Unterhalb von 100 Hz gibt es keine wichtigen Signalanteile, dieses Frequenzband benötigen wir folglich nicht. Oberhalb der Kernfrequenzen finden wir zwischen 3 kHz und 6 kHz die Konsonanten, die zwar wenig zum Klang der Stimme beitragen, aber für die Sprachverständlichkeit sehr wichtig sind. Zwischen 6 und 12 kHz ist keine wirkliche Information mehr zu finden, aber hier liegt die Brillanz der Stimme, die im Mix ebenfalls nicht fehlen darf. Häufig sind Frequenzen im Bereich von 8 bis 9 kHz zu stark ausgeprägt, was sich durch zu starkes Zischen äußert.

## Equalizer

Nachdem wir nun die Frequenzanteile der Stimme kennen, können wir sie gezielt bearbeiten. Dazu bietet sich ein parametrischer Equalizer an, der in den meisten Pulten Bestandteil der Kanalzüge ist. Die Mittenfrequenzen seiner Bänder sind frei wählbar und können daher gezielt auf die zu bearbeitenden Frequenzbereiche eingestellt werden. Wenn also etwas Bauch fehlt, versuchen Sie eine Anhebung zwischen 100 und 300 Hz. Und wenn die Stimme nicht brillant genug klingt, bewirkt eine Höhenanhebung oft Wunder. Die wahre Größe zeigt der Equalizer aber erst, wenn wir Frequenzbänder absenken. Es wird viel zu oft vergessen, aber man kann die Knöpfe des Equalizers auch nach links drehen!

Männliche Stimmen haben oft sehr ausgeprägte Formanten zwischen 2,8 und 3 kHz. Wenn eine solche Stimme im Pop-Song nicht nach Operntenor klingen soll, müssen Sie das Frequenzband absenken. Aber dazu müssen Sie es erstmal genau ermitteln. Hier hilft folgender Trick: Stellen Sie den Gain-Regler Ihres Equalizers auf maximale Anhebung. Falls Sie auch die Bandbreite (Q-Faktor) regeln können, stellen Sie den Regler auf Linksanschlag. Nun durchfahren Sie das Spektrum langsam mit dem Frequenzregler, bis Sie die kritische Frequenz gefunden haben. Jetzt können Sie mit dem Gain-Regler die gewünschte Absenkung einstellen. Die Bandbreite wählen Sie so, dass der Formant sicher ausgeblendet wird, der restliche Gesang aber unbeeinflusst bleibt. Und übertreiben Sie es nicht, ein kleiner Teil des Formants sollte übrig bleiben, da er den Charakter der Stimme prägt.

Wind- und Popgeräusche sowie Trittschall schleichen sich trotz aller Vorsichtsmaßnahmen manchmal doch ein. Meist liegen sie unterhalb von 100 Hz, und dort hat die Sprache keine Frequenzanteile mehr. Ein Lo Cut Filter mit einer Grenzfrequenz von 80 Hz leistet hier gute Dienste. Wenn Ihr Mischpult so etwas nicht bietet, können Sie notfalls auch den Bassregler nehmen, der bei moderneren Pulten meist bei 80 Hz greift.

## Arrangement

Wenn Sie mit dem Equalizer nun eine ausgewogene Balance aus Wärme, Sprachverständlichkeit und Brillanz erzeugt haben, fügt sich die Stimme gleich besser in den Mix ein. Wenn es trotzdem nicht recht passen will, sollten Sie einmal Ihr Arrangement überprüfen. Oft wird die Stimme nämlich durch Instrumente verdeckt, deren Frequenzanteile dort liegen, wo sich auch die wichtigsten Frequenzen der Stimme befinden. Sie vermeiden das Problem, indem Sie im Arrangement Luft für die Stimme lassen. In der Regel erreichen Sie das, indem Sie stark mittige Instrumente nicht während des Gesangs einsetzen, sondern nur davor oder dahinter. Mit dieser Methode erreichen Sie auch gleich eine Abwechslung im Song und können das Thema des Gesangs in das danach folgende, fette Synth-Lead-Solo übernehmen.

In manchen Fällen gelingt es nicht, den Raum im mittleren Frequenzband zu schaffen. Eine Heavy-Metal-Nummer lebt beispielsweise von verzerrten Gitarren, die auch während der Strophe spielen und das gesamte Spektrum ausfüllen. Hier helfen Sie sich, indem Sie für die Gitarrenlinien während der Strophe eher tiefere Noten wählen, deren Obertöne wenigstens nicht gar so hoch reichen. Und in dieses obere Frequenzband legen Sie dann die Stimme. Dies ist der Grund, warum gerade Rock-Sänger oft sehr hoch singen. Und in manchen Punk-Songs brüllt man eher, anstatt zu singen. Dann nämlich erzeugt die Stimme viele Obertöne, und nur so kann sie sich gegen die Gitarren durchsetzen.

## Dynamik-Kompression

Gesang ist eine zeitliche Abfolge von Impulsen, die durch die einzelnen Silben gebildet werden. Aus diesem Grund ergibt sich ein Durchschnittspegel, der um ungefähr 12 dB unterhalb des Spitzenpegels liegt. Damit wirkt der Gesang bei gleicher Aussteuerung deutlich leiser als der Rest eines Pop-Titels. Um den Text optimal zu verstehen, müsste die Gesangsspur daher lauter abgemischt werden. In diesem Fall wären die Impulsspitzen aber zu laut, und der Gesang würde sich nicht mehr harmonisch in die Musik einfügen.

Abhilfe schafft ein Kompressor, den Sie in den Insert Ihres Mischpultkanals einschleifen. Oberhalb des Schwellwert- oder Threshold-Pegels senkt der Kompressor die Verstärkung ab. Wie stark die Absenkung erfolgt, bestimmt das Kompressionsverhältnis, auch Ratio genannt. Unterhalb des Schwellwerts bleibt das Signal unverändert. Damit rücken laute und leise Stellen näher zusammen, und bei gleichem Spitzenpegel steigt der Durchschnittspegel. Der Grund liegt auf der Hand: Um an den lauten Stellen den gleichen Pegel wie vorher zu erzielen, müssen Sie den Gesang lauter abmischen. Damit werden auch die leisen Stellen lauter, da sie ja zuvor nicht abgesenkt wurden.

Sinnvolle Einstellungen des Kompressors sind Kompressionsraten zwischen 1,5:1 (unhörbare Kompression) und 6:1 (vollständige Nivellierung). Wählen Sie die Kompression so gering wie möglich, damit Ihr Gesang möglichst lebendig bleibt, aber andererseits hoch genug, damit sich die Stimme in den Mix eingliedert. Weitere Parameter des Kompressors sind seine Regelzeiten. Die Regler Attack und Release bestimmen, wie schnell die Kompression beim Überschreiten des Schwellwerts einsetzt, und wie schnell sie nach dessen Unterschreiten wieder nachlässt. Für Gesangsanwendungen sind Attack-Zeiten zwischen 2 und 20 ms und Release-Zeiten um 100 ms ein guter

Ausgangspunkt. Sie müssen die Zeiten aber unbedingt nach Gehör auf das Material abgleichen. Viele Kompressoren bieten zur Einstellung der Regelzeiten eine Automatikfunktion, die beim Gesang meist gut funktioniert. Auch ist häufig eine Soft Knee- oder Overeasy-Funktion anzutreffen, die den Übergangsbereich der Kennlinie um den Schwellwert weicher gestaltet. Diese Funktion trägt zur unauffälligeren Kompression bei und sollte zur Gesangsbearbeitung eingeschaltet sein.

## DeEsser

Um übermäßige Zischlaute zu beseitigen, könnten wir das Frequenzband mit dem Equalizer absenken. Allerdings befinden sich an der gleichen Stelle die Spektralanteile der Brillanz, die wir eher anheben möchten. Abhilfe schafft ein DeEsser, der nur dann eine Absenkung vornimmt, wenn auch wirklich S-Laute im Signal vorkommen. Es handelt sich um einen speziellen Kompressor, der aufgrund eines Filters in seinem Regelkreis nur auf die S-Frequenzen reagiert und diese dann kurzzeitig absenkt. Wenn keine überbetonten S-Laute vorkommen, verhält sich der DeEsser neutral.

Manche Kompressoren verfügen über einen Sidechain-Eingang, über den die Kompression zu steuern ist. Wenn Sie das Eingangssignal nicht nur dem Eingang des Kompressors, sondern auch dem Eingang eines Equalizers zuführen, können Sie an diesem alle Frequenzen absenken und nur den Bereich um 8 kHz anheben. Wenn Sie das so gewonnene Steuersignal dem Sidechain-Eingang zuführen, reagiert Ihr Kompressor ebenfalls nur auf die S-Laute und verhält sich wie ein DeEsser. Obwohl er dann kurzzeitig das gesamte Frequenzband absenkt (Pseudo-DeEsser) und nicht nur dessen oberen Teil, sind die Ergebnisse dieses Aufbaus erstaunlich gut und können in den meisten Fällen einen spezialisierten DeEsser ersetzen.

Im Gegensatz zu Equalizer und Kompressor ist der DeEsser kein absolutes Muss. Schnell tut man des Guten zu viel und verschlechtert die Aufnahme, da der Sänger zu lispeln scheint. Schließlich gehören S-Laute zur Sprache und sollten nur dann behandelt werden, wenn sie wirklich zu stark ausgeprägt sind. Nach Zeiten extremer Nachbearbeitung, in denen auch vollkommen normale S-Laute nachgeformt wurden, steht man heutzutage wieder mehr zur Natürlichkeit und belässt ein geringes Zischen gern in der Gesangsspur. Außerdem kann man auch hier mit einem angepassten Arrangement arbeiten, indem man um den störenden Zischlaut weitere zischende Instrumente wie Cabasa oder Tambourin gruppiert, die ihn nicht so allein dastehen lassen.

## Noisegate

Manchmal sind in einer Gesangsspur leise Störgeräusche, die von der Stimme verdeckt werden, in Pausen aber störend wirken. Statt alle von Hand herauszuschneiden, hilft ein Noisegate weiter. Unterhalb eines einstellbaren Schwellwertes schließt das Gate, oberhalb des Schwellwertes kann das Signal jedoch passieren. Wenn Sie Ihr Gate so einstellen, dass die leisen Störgeräusche unterhalb, der Gesang jedoch oberhalb der Schwelle liegt, haben Sie Ihr Ziel erreicht. Aufpassen müssen Sie im Übergangsbereich, damit Sie keine Silbenanfänge oder Ausklingphasen abschneiden. Dazu bieten viele Gates weitere Funktionen an. Wie beim Kompressor stehen die Parameter Attack und Release zur Verfügung. Ein zu schnelles Schließen in Ausklingphasen können Sie beispielsweise durch Erhöhung der Release-Zeit verhindern. Manche Gates bieten auch eine einstellbare Abschwächung im geschlossenen Zustand. Meist reicht es nämlich, wenn das Gate nicht komplett schließt, sondern nur den Störpegel unter die Schwelle der Wahrnehmung drückt. Dazu sind 10 bis 20 dB meist schon ausreichend, und diese Absenkung wirkt viel unauffälliger als ein vollständiges Schließen.

Manche Störungen, wie beispielsweise das Rascheln des Kleides der Sängerin, treten bevorzugt während des Gesangs auf. Da sich die Störung nicht in einer Signalpause befindet, hilft hier kein Noisegate. Aber das Rascheln liegt in einem höheren Frequenzbereich als die Stimme. Wenn der Take nicht wiederholbar ist, kann hier eine sogenannte Single Ended Noise Reduction helfen. Eigentlich ist sie zum Entrauschen gedacht, indem sie mit einem Detektor das Nutzsignal analysiert und mit einem Filter alle höheren Frequenzen unterdrückt. Da im unserem Beispiel aber exakt die gleiche Situation vorliegt, führt uns das Gerät zum Ziel.

## Psychoakustische Effekte

Manchmal stehen Sie vor dem Problem, dass die aufgenommene Stimme unbedingt mehr Brillanz braucht, Sie aber selbst bei extremer Anhebung mit dem Equalizer kaum Obertöne, dafür aber jede Menge Rauschen hören. Abhilfe könnte hier ein Equalizer schaffen, der die Höhen nur dann kurzzeitig anhebt, wenn auch wirklich Obertöne vorhanden sind. Außerdem kann durch sehr geringe Phasenverschiebungen im Hochtonbereich die Wahrnehmung der Obertöne verstärkt werden, ohne diese tatsächlich anzuheben. Nach diesen Prinzipien arbeiten Enhancer, die daher auf der Suche nach Brillanz im Gesangssignal gute Dienste leisten. Da der Gesang in der Mischung zudem möglichst weit vorne stehen soll und die Ortung an dieser Stelle vom Gehirn aus den Obertönen abgeleitet wird, ist der dezente Einsatz eines Enhancers im Gesangskanal fast schon Pflicht.

Wenn es etwas heftiger zur Sache gehen darf, kommt vielleicht ein Exciter in Frage. Auch dieser widmet sich den Obertönen. Er hebt sie aber nicht an, sondern generiert sie gleich vollkommen neu, indem er sie mit einem Quadraturmultiplizierer aus dem Signal ableitet. Während dieser Effekt etwas härter klingt und sicher nichts für dezente Balladen ist, profitieren selbst obertonärmste Stimmen davon und setzen sich auch in dichten Arrangements plötzlich besser durch. Sollte auch das nicht reichen, gibt es noch die Holzhammer-Methode. Wie sich der Punk-Sänger in unserem Beispiel besser durchsetzt, indem er durch Schreien Obertöne im Verzerrungsbereich produziert, können Sie der Gesangsspur natürlich auch mit Verzerrern zu Leibe rücken. Die Palette reicht von der dezenten Simulation des magnetischen Bandsättigungseffekts bis zu Röhrenstufen, die einen kräftigen Klirrfaktor erzeugen. Einerseits sollten Sie des Guten nicht zu viel tun, andererseits habe ich schon Choraufnahmen mit 10 Prozent Klirr gehört, die für sich allein völlig krank klangen, im Arrangement aber unglaublich Eindruck machten.

**Channel Strips**

Die Qualitätsanforderungen für die Bearbeitung der Stimme sind höher als bei anderen Instrumenten. Schon in den vergangenen beiden Folgen haben wir erkannt, dass mit einem hochwertigen Channel Strip die Produktionsqualität des gesamten Studios erhöht werden kann. Viele solcher Geräte beinhalten neben Equalizer und Kompressor auch häufig einen DeEsser und Enhancer. Für die Anwendung im Return-Kanal ist es dann aber wichtig, dass die Verbindung zwischen Vorverstärker und Bearbeitungsstufe durch Schaltbuchsen aufgetrennt oder mittels Line-Eingang umgangen werden kann.

## Effektbearbeitung

Den Grundstein für die Nachbearbeitung mit Effekten haben wir bereits bei der Aufnahme gelegt. Hier hatten wir uns bemüht, jegliche Rauminformation aus der Stimme zu entfernen. Da unser Hörempfinden Stimmen jedoch stets mit dem zugehörigen Raumeindruck wahrnimmt, muss der Raum nun künstlich hinzugefügt werden. Ein wenig weiter gehen Verfremdungen der Stimme und mehrstimmige Chorsätze mit nur einem Sänger, die ebenfalls durch Nachbearbeitung zusammengefügt werden.

## Hall

Während früher für die Vocal-Bearbeitung echte Hallräume mit 500 Quadratmeter Rauminhalt, große Plattenhallgeräte oder Hallfedern benutzt wurden, ist heutzutage praktisch nur noch das Digitalhallgerät von Bedeutung. Trotzdem müssen wir uns den Charakter des natürlichen Halls ein wenig genauer ansehen, um die korrekten Einstellungen des Hallgeräts zu finden.

Hall entsteht durch Reflexionen des Schalls an den Wänden eines Raums. Nach den ersten Reflexionen an den einzelnen Wänden trifft der Schall erneut am Ohr des Hörers ein, der die einzelnen Ereignisse noch trennen kann und als sogenannte Early Reflections wahrnimmt. Nach dem Eintreffen am Ohr ist der Schall aber nicht weg, sondern er breitet sich weiter aus und wird immer wieder erneut reflektiert. Alle Reflexionen überlagern sich zu einem gemeinsamen, untrennbaren Schallereignis, dem Nachhall. Die Zeit bis zu dessen Entstehen nennen wir Predelay, die Zeit seines Ausklingens Hallzeit. Die Early Reflections tragen zum Raumeindruck bei und verändern aufgrund ihrer kurzen Verzögerungszeiten durch Kammfiltereffekte den Klang der Stimme, sie ergeben jedoch nicht den Eindruck einer Hallfahne. Diese entsteht allein durch den Nachhall. Bei jeder Reflexion verliert der Hall an Energie und klingt langsam aus, wobei die Höhen stärker gedämpft werden. Je näher eine Schallquelle beim Zuhörer steht, desto weniger Hall ist zu hören.

Beim Verhallen der Gesangsspur geht es nun nicht darum, die Natur möglichst genau nachzuahmen. Vielmehr soll eine klangliche Nachbearbeitung erfolgen, die der Stimme mehr Volumen, Glanz und Durchsetzungskraft verleiht. Außerdem soll der Anteil, den wir bewusst als Hall wahrnehmen, zum restlichen Arrangement passen. Das ist je nach musikalischer Stilrichtung durchaus unterschiedlich: Beim Schlager darf es gerne ein sehr ausgeprägter Hall-Eindruck sein, beim HipHop-Song soll es am liebsten ganz trocken klingen.

Um Volumen und Durchsetzungskraft zu erzielen, arbeiten Sie am besten mit ausgeprägten Early Reflections, die Sie in Hallprogrammen mit kurzer Hallzeit und hoher Dichte finden. Oft eignen sich Plate-Programme besonders gut, die eine Hallplatte simulieren. Die natürlichen Hallalgorithmen dagegen haben für durchsetzungsfähigen Pop-Gesang einen zu starken Höhenabfall. Der richtige Glanz ergibt sich erst, wenn neben dem Gesang selbst auch der Hall Spektralanteile im Hochtonbereich hat. Wenn Ihr Hallgerät über den Parameter HF Damp verfügt, nehmen Sie ihn etwas zurück. Wenn auch das nicht hilft, können Sie das Ausgangssignal des Hallgeräts mit einem Exciter bearbeiten und so die ausgeprägten Höhen erzeugen.

Zum Glück sind die Zeiten übermäßigen Heintje-Halls inzwischen vorbei. Heutzutage geht es eher um dezente, fast unhörbare Bearbeitung. Trotzdem gehört ein feinfühlig abgestimmter Nachhall zur Gesangsbearbeitung, da erst durch ihn die vollständige Integration in den Mix möglich wird. Die Stimme soll im Mix ganz vorn stehen, was dem Wunsch nach Hall aber widerspricht. Damit sie durch den Hall nicht zu weit nach hinten rutscht, müssen wir den Hall von der Stimme entkoppeln. Das gelingt uns mit einem Predelay, das durchaus in der Größenordnung von 100 ms liegen darf. Sollte Ihr Hallgerät diesen Parameter nicht bieten, können Sie sich auch mit einem Delay-Gerät behelfen, das Sie im Aux-Send-Weg vor dem Hallgerät einschleifen.

## Delay

Die bekannteste Anwendung eines Delay-Geräts ist die Erzeugung von Echos, also einzelnen Wiederholungen des Eingangssignals. Sie können Dauer und Anzahl der Echos, Ihre Verteilung im Stereopanorama sowie eine Höhendämpfung einstellen. Die Echos sollten Sie zum Songtempo synchronisieren, also beispielsweise Viertel- oder Achtelnoten als Delay-Zeit wählen. Bei vielen Geräten können Sie die Delay-Zeit zur MIDI-Clock synchronisieren, wodurch lästiges Probieren oder Kopfrechnen entfällt.

Durch Viertel- oder Achtelechos wird die Stimme voller. Gleichzeitig wird die Sprachverständlichkeit erschwert, da Silben aufeinander fallen, die nicht zusammengehören. Sie sollten das Effektsignal daher nur ganz leise zumischen, sodass es gar nicht eigenständig wahrgenommen wird. Die beabsichtigte Wirkung bleibt dabei erhalten, und die Sprachverständlichkeit wird nicht beeinträchtigt. Verwechseln Sie den Effekt aber nicht mit den deutlich wahrnehmbaren Delays, die Sie häufig an Strophen- oder Refrain-Enden finden. Hier handelt es sich um das sogenannte Ducking Delay, das von der

Stimme unterdrückt wird und nur hörbar ist, wenn der Gesang endet. Besonders Breaks und Übergänge lassen sich mit diesem Effekt lebendiger gestalten. Falls Ihr Effektgerät kein Ducking Delay ermöglicht, behelfen Sie sich mit einem Trick: Nehmen Sie einfach die letzte Silbe des Refrains mit Ihrem Sampler auf, und spielen Sie die Delays mit MIDI-Noten ab. Durch schrittweise Reduzierung der Velocity erreichen Sie den Abfall im Pegel. Ist Ihr Harddisk-Recording-Sytem leistungsfähig genug und haben Sie noch Spuren übrig, können Sie die Endsilben natürlich auch einfach abschneiden und Kopien davon auf separate Delay-Spuren verschieben. So können Sie für jede Songposition exakt passende und individuelle Delays erzeugen.

Eine andere Anwendung des Delays für Gesang besteht in Algorithmen mit extrem kurzer Verzögerungszeit. Bei Zeiten unter 30 ms werden die Einzelechos nämlich nicht mehr getrennt wahrgenommen, sondern verschmelzen mit dem Originalsignal zu einem einzigen, breiten Klang. Wenn die einzelnen Delays unterschiedliche Verzögerungszeiten aufweisen, spricht man vom Multitap Delay. Ein solches Programm bewirkt einen besonders breiten, vollen Klang, wenn die Originalstimme in der Stereomitte liegt, die Delays aber mit relativ leisem Pegel nach links und rechts gemischt werden.

Bei manchen Delays kann die Verzögerungszeit auch mit einem LFO moduliert werden. Dadurch entstehen die Modulationseffekte Chorus, Flanger und Phaser. Während der Chorus warme, chorähnliche Effekte erzeugt und bedingt einsetzbar ist, gehen Flanger und Phaser richtig zur Sache und können in der Regel nicht für Gesang verwendet werden. Trotzdem sollten Sie mit den Effekten experimentieren. Chorus kann beispielsweise interessant klingen, wenn er nur den Return-Kanal des Hallgeräts bearbeitet. Und ein Flanger mit kurzer, aber unmodulierter Delay-Zeit kann mit seinem Kammfiltereffekt heftige Verzerrungen produzieren, die eine Stimme für Ihren Techno-Track vorbereiten.

## Vocoder

Beispiele aus den aktuellen Charts zeigen, dass man auch mit extrem verfremdeten Stimmen einen durchaus eigenen Charakter erzeugen kann. Der Vocoder zerlegt dazu ein Synthesizer-Signal in viele einzelne Frequenzbänder, von denen jedes einzelne mit einem spannungsgesteuerten Verstärker (VCA) im Pegel eingestellt werden kann. Die dazu nötigen Steuerspannungen werden aus dem Gesangssignal gewonnen, das ebenfalls in identische Bänder zerlegt wurde. Das klangliche Ergebnis ist ein Synthesizer-Signal, dem die Eigenschaften des Gesangs aufgeprägt wurden. Der Synthesizer scheint also zu singen.

## Pitch Shifter

Während die meisten von Ihnen auch beim Pitch Shifter gleich an extreme Stimmverfremdungen denken werden, ist sein typischer Einsatz eher dezent. Die extremen Pitch-Effekte, die Sie spätestens seit Blümchen und Computerliebe aus unterschiedlichsten Songs der letzten 20 Jahre kennen, können Sie nämlich viel besser mit den Offline-Funktionen der Harddisk-Recording-Software auf Ihrem Computer erzeugen.

Ein Pitch Shifter ist ein Gerät oder PlugIn, das aus dem Eingangssignal in Echtzeit ein zweites Signal mit geänderter Tonhöhe erzeugt. Die häufigste Anwendung ist ein sehr geringes Detuning, bei dem sich die Tonhöhe nur um wenige Cent ändert. Zusammen mit dem Originalsignal ergeben sich Schwebungseffekte, die mehr Volumen und Wärme erzeugen. Besonders aus Balladen und anderen Stücken, in denen die Stimme relativ frei im Arrangement steht, ist dieser Effekt kaum wegzudenken.

Wenn statt dessen Intervalle von mehreren Halbtönen erzeugt werden, ergibt sich aus der einzelnen Gesangsstimme ein mehrstimmiger Chor. Bei derartigen Einstellungen müssen Sie darauf achten, dass das erzeugte Intervall in die Skala Ihres Songs passt. Während eine große Terz auf der gesungenen Note C in einem Stück in C-Dur toll klingt, werden Ihnen die Haare zu Berge stehen, wenn der Sänger als nächstes ein D singt. Bei dieser Note hätte nämlich ein kleine Terz erzeugt werden müssen. Daher können Sie in einigen Pitch Shiftern die Skala vorgeben, aus der das Gerät selbständig den nächsten passenden Ton auswählt. Alternativ können Sie die Tonhöhe der erzeugten Stimmen per MIDI-Note ansteuern, um so die größtmögliche Flexibilität zu haben und Ihren Pitch Shifter nach den Regeln des Chorsatzes zu programmieren.

Als Autotune oder Pitch Quantize ist eine Funktion bekannt, die die Tonhöhen des Eingangssignals automatisch auf die nächste richtige Note zieht. So können unsauber eingesungene Passagen nachträglich korrigiert werden. Da bei dieser Funktion nicht nur das Pitchshifting selbst, sondern auch noch die Tonhöhenerkennung in Echtzeit ablaufen muss, ist sie nur in Geräten oder PlugIns der oberen Leistungs- und Preisklasse anzutreffen. Die Parameter der Algorithmen müssen feinfühlig eingestellt werden, damit keine Regelvorgänge hörbar werden. Außerdem sollten Sie ihr Signal keinesfalls zu 100 Prozent korrigieren, denn eine geringe Tonhöhenabweichung gehört zum Klangbild einer Stimme einfach dazu. Und wenn man es ganz genau nimmt, ist ein solcher Algorithmus auch gar nicht so wichtig. Wenn Sie den Anschaffungspreis eines solchen Geräts nämlich in das Honorar einer sauber intonierenden Sängerin investieren, erhalten Sie zweifelsfrei die bessere Aufnahme.

## Computer

Seit es Standard geworden ist, die Gesangsspur mittels Harddisk-Recording im Computer aufzunehmen, gehören auch Timestretching und Pitch Shifting zu den normalsten Bearbeitungsschritten der Welt. Die gesamte Gesangsspur kann damit in eine neue Tonhöhe umgerechnet werden, und so kommen Sie dann problemlos zur ersehnten Barbie-Girl-Stimme: Transponieren Sie zum Einsingen Ihr gesamtes Arrangement vorübergehend fünf Halbtöne nach unten. Nun lassen Sie die Sängerin einsingen, um danach die Transponierung der MIDI-Instrumente rückgängig zu machen. Den Gesang lassen Sie nun mit dem Pitch Shifting Ihres Computers ebenfalls um fünf Halbtöne nach oben rechnen. Schon passt wieder alles, und die Stimme klingt nach Barbie.

Timestretching arbeitet nach dem gleichen Algorithmus, verfolgt aber ein anderes Ziel. Wenn Sie im Nachhinein das Tempo Ihres Songs ändern, machen die MIDI-Spuren das problemlos mit. Nur die Gesangsspur passt nicht mehr. Mittels Timestretching können Sie nun ohne Änderung der Tonhöhe eine neue Geschwindigkeit wählen.

Erinnern Sie sich an die Problematik der verschluckten Silben beim Noisegate? Im Rechner existiert eine andere Möglichkeit, Rauschen zu entfernen. Mit dem sogenannten Fingerprint Denoising können Sie in einer Signalpause eine Rauschprobe entnehmen, die dann aus dem Spektrum der gesamten Gesangsspur herausgerechnet wird. Wenn Sie es mit der gewünschten Absenkung nicht übertreiben, erhalten Sie gute Resultate ohne nennenswerte Veränderungen des Signals.

Falls Ihr Harddisk-Recording-Programm eine PlugIn-Schnittstelle hat, können Sie dort virtuelle Kompressoren, Equalizer oder Hallgeräte als Software einbinden. Sofern die Rechenleistung zum Simultanbetrieb ausreicht, können solche PlugIns durchaus die Hardware-Geräte ersetzen. Andererseits zeichnen sich gerade hochwertige Analoggeräte durch ihren eigenständigen

Sound aus, und beim Gesang kommt es ja bekanntlich auf kleinste Nuancen an.

## Feinarbeit

Damit sich der Gesang gut ins Arrangement einfügt und schön breit und fett klingt, müssen alle beschriebenen Bearbeitungen sorgfältig aufeinander abgestimmt werden. Häufig muss nach dem Einstellen eines Effekts ein weiter vorn in der Kette befindlicher wieder nachgeregelt werden, damit sich ein rundes Ganzes ergibt. Dazu müssen alle Effekte gleichzeitig im Echtzeitzugriff verfügbar sein. Denn die endgültige Einstellung aller Effekte erfolgt erst später beim Mixdown, wenn auch alles andere aufgenommen ist.

Alle Nachbearbeitungen und Effekte nutzen aber wenig, wenn die Aufnahme unbrauchbar ist. Das sollte man erkennen und statt endloser Schrauberei lieber nochmal zum Mikrofon greifen. Und letztlich gilt auch hier: Die Musik wird vor dem Mikrofon gemacht, nicht dahinter. Ein Sänger, der nicht singen kann, wird auch durch die beste Technik nicht zum stimmgewaltigen Superstar.

**Doppeln von Stimmern**

Um eine Gesangsspur voller klingen zu lassen, können Sie den gleichen Trick anwenden, den Sie schon von Ihrem Synthesizer kennen. Bei diesem verwenden Sie nämlich oft zwei Oszillatoren, die Sie leicht gegeneinander verstimmen. Ein per Detune-Effekt leicht verstimmtes oder per Delay geringfügig verzögertes Doppel der Gesangsspur bringt den angestrebten Sound auch in Ihre Stimme. Allerdings klingen diese als Automatic Double Tracking (ADT) bekannten Verfahren schnell synthetisch. Viel besser ist es, das Doppeln wörtlich zu nehmen und die Sängerin wirklich zweimal singen zu lassen, wobei sie beim zweiten Durchgang exakt das Gleiche singt wie beim ersten. Dabei entstehen geringfügige Abweichungen in Intonation und Phrasierung, die ebenfalls zu leichten Detune- und Delay-Effekten führen. Im Gegensatz zur elektronischen Alternative sind diese jedoch nicht statisch oder bei LFO-Modulation periodisch, sondern einfach zufällig und zudem auch noch menschlich. Damit ist die gedoppelte Aufnahme dem elektronischen Pendant weit überlegen.

Obwohl Abweichungen erwünscht sind und den Effekt erst verursachen, zeigt sich in der Praxis, dass diese Abweichungen oft zu groß sind. Die Sängerin muss ihren Part exakt reproduzieren können und braucht eine gute Arbeitsdisziplin, um ein exaktes Doppel einsingen zu können. Besonders kritisch sind Konsonanten, bei denen bereits solche Verzögerungen kritisch sind, die für den gewünschten Effekt ansonsten durchaus tolerierbar wären. Da die Konsonanten aber für den Schwebungseffekt überhaupt keine Rolle spielen, gelangt man zum besten Ergebnis, wenn die Sängerin bei der zweiten Aufnahme die Konsonanten einfach weg lässt. Wenn man das einige Male übt, die beste Aufnahme auswählt und die zweite Spur im späteren Mixdown nicht allzu laut dazumischt, ergibt sich eine Art Chorus-Effekt, der mit keiner anderen Methode so perfekt erzielt werden kann. Wenn es sich nicht um die Lead-Stimme, sondern um Background-Vocals handelt, sollten Sie die beiden Spuren im Stereopanorama deutlich spreizen, um damit zusätzlich eine größere Breite zu erzeugen.

# 12. Die Aufnahme von Gitarren

Gleich nach dem Gesang sind Gitarren die zweitwichtigste Aufnahmequelle akustischer Instrumente. Besonders, wenn die Musik handgemacht klingen soll und sonst alle Spuren synthetisch erzeugt sind, kommt man zumindest um ein paar wenige authentische Gitarrenaufnahmen kaum herum. Soll es richtig rocken, sieht die Sache nochmal anders aus, denn dann bilden die Gitarren sogar die Basis des ganzen Arrangements.

Im virtuellen Studio geht es dagegen heute hauptsächlich ohne reale Instrumente zu. Besonders in kleinen Installationen zuhause sind auch die Zeiten real existierender Synthesizer schon lange vorbei. Schließlich gibt es dieselben Syntheseverfahren auch für das virtuelle Rack, zudem sind die Plugin-Pendants meist auch preiswerter und flexibler einsetzbar. Drums sollen zwar akustisch echt klingen, aber hervorragende Sample-Sets im Stile Bob Clearmountains oder gar komplett virtuelle Drummer-Plugins  la Virtual Drummer lassen sich mit vertretbarem Aufwand im Heimstudio soundtechnisch kaum übertreffen. Und beim Bass ist – sorry, liebe Bassisten – der virtuelle Kollege nur in seltenen Fällen vom späteren Konsumenten der Musik zu entlarven.

## Die Gitarre für den Band-Spirit

„Gesang plus Mehrspurtechnik“ lautet eine der Besetzungs-Vorgaben, um das Arrangement seines Werks bei der GEMA-Anmeldung zu beschreiben. Und obwohl wir – zumindest im Home Studio – alle so arbeiten, soll man das unserer Aufnahme natürlich keinesfalls anhören. Mit ein paar Gitarren-Spuren im ansonsten vollständig synthetischen Elektropop-Titel gelingt das Unterfangen ganz von alleine. Allerdings muss man selbst bei einem derart sparsamen Einsatz der Gitarre bereits die wichtigste Grundregel beachten: Der Sound entsteht ganz vorne in der Signalkette, und das wichtigste Glied ist nicht die Art der Verzerrung, die Technik des Verstärkers und noch nicht einmal die Gitarre selbst: Der wichtigste Faktor ist schlicht und einfach der Gitarrist.

Sollte Ihnen der Klang Ihrer im Pianorollen-Editor mühsam gebastelten MIDI-Spuren für den Gitarren-Sound des GM-Klangerzeugers zum Hals raushängen, dann machen Sie jetzt bitte nicht den Fehler, dem Gitarristen zu viel vorzugeben. Dann nämlich klingt es schnell schon wieder so, denn ein weiteres Geheimnis des guten Gitarren-Sounds sind auch die Riffs und Voicings, die ein Gitarrist spielt. Haben Sie hier wenig Erfahrung, lassen Sie dem Gitarristen lieber mehr Freiheiten und lassen Sie ihn verschiedene Vorschläge für die aufzunehmende Spur einbringen. Je tragender die Rolle der Gitarren für Ihren Song ist, desto wichtiger wird dieser Tipp. Selbst mit dem besten Gitarristen wird sich kein Death-Metal-Feeling einstellen, wenn dieser sich strikt an die Dur-Akkordfolge Ihrer vorgegebenen MIDI-Begleitungsspur halten muss.

## Stecker rein und alle Knöpfe auf zehn

Mit einem guten Gitarristen und einem vernünftigen Gitarren-Arrangement haben Sie das Wichtigste schon geschafft. Ein erfahrener Gitarrist stellt seinen Verstärker auch passend ein, sodass Sie nur noch ein Mikrofon vor den Lautsprecher stellen und aufnehmen müssen. Das ist veraltet? Mag sein, aber auf jeden Fall kommen Sie auf diesem Weg am einfachsten zu einem amtlichen Gitarren-Sound, ganz besonders dann, wenn Sie noch nicht viel Erfahrung mit der Aufnahme von Gitarren haben. Nehmen Sie sich aber genug Zeit für die Positionierung des Mikrofons. Gehen Sie ganz nah heran an den Amp und richten Sie es für einen cleaneren, höhenreichen Sound mehr zur Mitte des Lautsprechers und umgekehrt für einen wärmeren, dreckigeren Sound mehr zum Rand mit seinen vielen Partialschwingungen. Den Rest stellt der Gitarrist am Amp ein, und Sie hören sich das Ergebnis einfach so lange an, bis Sie zufrieden sind. Haben Sie einen gut klingenden Aufnahmeraum und möchten noch etwas natürlichen Raumanteil einfangen, stellen Sie zusätzlich ein Großmembran-Mikrofon in etwa einem Meter Abstand zum Amp auf oder legen ein Grenzflächenmikrofon auf den Boden.

**So geht es am einfachsten: Am Gitarren-Verstärker den passenden Sound einstellen und per Mikrofon vor dem Lautsprecher aufnehmen.**

### Verzerrer-Technik

Für den Klang einer Verzerrerschaltung ist es nicht nur wichtig, dass sie verzerrt, sondern wie sie die Verzerrung vornimmt. Die ersten Transistorverzerrer schnitten die Eingangs-Wellenform (linkes Bild, s. nächste Seite) rigoros bei Überschreiten der Betriebsspannung ab. Dieses harte Clipping klingt schrecklich und tritt auch bei Digitalrecordern auf, wenn diese übersteuert werden (rechtes Bild).

Ein deutlich musikalischerer Klang entsteht, wenn das Signal nicht nur begrenzt, sondern die Kanten weich abgerundet werden, wie Bild 3 zeigt. Dieses Verhalten kann durch Nachschalten eines Tiefpasses erreicht werden, bessere Resultate liefert aber das Aussteuern an einer nichtlinearen Kennlinie, wie sie beispielsweise von Röhren bekannt ist.

Neben der weichen Abrundung der Kanten zur Clipping-Grenze zeichnet sich ein musikalisch verzerrtes Signal durch das Vorhandensein geradzahliger Obertöne aus. Am Bild des verzerrten Sinustons sehen Sie, dass das Verzerrungsprodukt einem Rechtecksignal sehr ähnelt. Dieses enthält bekanntlich neben der Grundfrequenz viele Obertöne. Verzerrung ist also mit der Erzeugung von Obertönen oder auch der gewollten Erhöhung des Klirrfaktors gleichzusetzen.

Wenn beide Halbwellen gleichmäßig begrenzt werden, bleibt das Signal stets symmetrisch und enthält daher nur geradzahlige Obertöne. Die erwünschten, ungeradzahligen Obertöne entstehen dagegen, wenn die Verformung beider Halbwellen unterschiedlich ist (Bild 4). Auch diese Forderung lässt sich durch Aussteuerung an einer entsprechend geformten, nichtlinearen Kennlinie erreichen.

Das Vorbild, der Gitarrenverstärker unserer Großväter, verfügte übrigens unbewusst bereits über alle hier genannten Maßnahmen: Er bearbeitet das Signal mit Röhren, die ein entsprechendes Verzerrungs- und Spektralbild erzeugen, und der starke Höhenabfall des Lautsprechers bildet den Tiefpass.

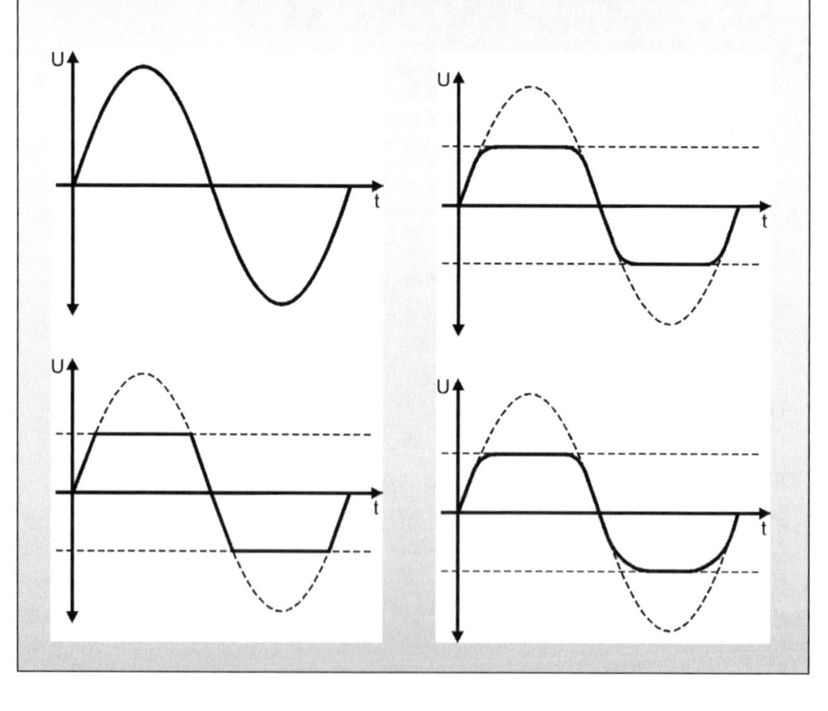

## Die Sache mit den Nachbarn

Die Mikrofon-Aufnahme des Gitarren-Verstärkers klappt nur dann richtig gut, wenn auch der Verstärker-Sound richtig gut ist. Das bedeutet vor allem, dass alle Komponenten ideal arbeiten, also auch die Endstufen übersteuern und der Lautsprecher ordentlich Partialschwingungen erzeugt. Das aber ist nur dann der Fall, wenn in etwa die Lautstärke eines Live-Konzerts erzeugt wird. Wer in der Mietwohnung eines Mehrfamilienhauses rockt, steht da schnell vor Problemen mit der Nachbarschaft. Daher haben die einschlägigen Hersteller schon sehr früh mit der Entwicklung von Equipment begonnen, das ohne die Lautstärke eines startenden Düsenjets einen guten Gitarrensound erzeugen kann. Äußerst verschiedene Konzepte buhlen hier um die Gunst des Käufers. Alle gemeinsam haben Sie den Effekt, dass das Zwerchfell nicht mehr vibriert und die Hosenbeine des Gitarristen nicht mehr flattern. Für viele Gitarristen ist aber genau das ein Problem: Selbst, wenn der Sound genauso gut ist oder gar besser, fühlen sie sich beim Spielen nicht mehr wohl und spielen dann schlechter. Diesen Nachteil kann keine Technik ausgleichen. Die Lösung ist entweder ein Saitenkünstler aus der neuen Generation, der mit der lautlosen Technik aufgewachsen ist, oder eben doch ein Studio mit gut isoliertem Aufnahmeraum.

**Amp-Simulationen**

Die erste Entwicklung auf dem Weg zur lautlosen Gitarrenaufnahme war ein Lastwiderstand, der statt des Lautsprechers an die Endstufe des Gitarren-Amps angeschlossen wurde. So konnte man auch die Endstufe übersteuern, das Aufnahmesignal aber über ein Filter zur Simulation des Lautsprecher-Frequenzgangs per Line-Eingang ins Pult aufnehmen. Der Gitarrist hörte sich zum Monitoring fortan per Kopfhörer.

Es folgten Geräte, die immer mehr Baugruppen des herkömmlichen Verstärkers simulierten, bis hin zu vollständigem Physical Modeling. Heutige Extreme reichen von Hardware wie dem Profiling Amp von Kemper, der beliebige Originale simulieren kann, bis hin zu den unzähligen Plugins wie beispielsweise Vandal von Magix, bei denen die Gitarre direkt ins Computer-Interface gespielt wird.

Es ist ein Trend zu erkennen, wenigstens einen Teil mit echter Vintage-Technik zu lösen. So kann bei vielen Physical-Modeling-Amps die

Speaker-Simulation ausgeschaltet werden, um einen echten Lautsprecher anzuschließen. Umgekehrt haben viele Röhren-Amps einen Recording-Ausgang mit Lastwiderstand und Speaker-Simulation, um einfach das Line-Signal aufnehmen zu können. Bis heute finden sich übrigens noch oft die Namen erster Stunde: Power Soak steht für den Lastwiderstand, Red Box für die Speaker-Simulation.

**Der Hughes & Kettner Tubemeister kombiniert echte Röhren mit simuliertem Speaker**

## Aufnehmen für die Mischung

Bei keinem anderen Instrument ist die Regel wichtiger als bei der Gitarre: Eine Spur soll nicht so aufgenommen werden, dass sie alleine gut klingt, sondern sie soll im Mix gut klingen. Bei Gitarren geht es vor allem um die Mitten. In den hohen Frequenzen klingen verzerrte Sounds meist nicht gut, außerdem ist der hohe Frequenzbereich schon von Stimme, Becken und oft auch Synthesizern vollständig besetzt. In den Bässen können Gitarren zwar gewaltig Druck aufbauen, jedoch muss man hier aufpassen: Auch Bassdrum und Bass spielen dort, und wenn von der Gitarre noch zu viel Bassanteil dazu kommt, dann mulmt und grummelt es nur noch unschön.

Hier wird im Mix also mit Equalizern mächtig ausgedünnt. Zu ärgerlich, wenn dann im Mittenbereich nicht mehr genug Sound vorhanden ist. Also ist es eine gute Idee, bereits bei der Aufnahme einen durchsetzungsfähigen, mittenbetonten Sound einzustellen.

Wer sich jetzt fragt, warum der für Metal typische Scooped Sound das genaue Gegenteil bedeutet, nämlich angehobene Bässe und Höhen bei stark zurückgenommenen Mitten, der muss wissen, dass die Frequenzen für Bässe und Höhen beim Gitarren-Amp anders ausfallen als beim Mischpult. Die Bässe der Gitarre sind eher Tiefmitten, und die Höhen und insbesondere der oft einzeln ausgeführte Präsenz-Bereich bewegen sich weit unterhalb des Hochton-Bandes eines Mischpult-Equalizers. An beiden Enden des Frequenzspektrums geht es später im Mix darum, einerseits so viel wie möglich wegzunehmen, andererseits dem Gitarren-Sound aber seine Durchsetzungskraft und seine Lebendigkeit zu lassen.

## Doppelt hält besser

Alle Backing-Spuren, also Akkordbegleitungen, lang liegende Akkorde und Powerchords, sollten mit dem gleichen Sound mindestens zweimal aufgenommen werden. Um die Breite heutiger Produktionen zu erzielen, ist es nämlich Standard, mindestens zwei Aufnahmen mit gleichem (aber nicht demselben!) Inhalt nach rechts und links im Stereopanorama zu legen. Aufgrund der kleinen Unterschiede, die durch zwei Einspielungen zwangsweise entstehen, ergibt sich die gewünschte Breite im Sound. Man kann auch noch weiter gehen und vier gleiche Spuren über das Panorama verteilen, aber man verliert mit zunehmender Breite auch etwas Definiton und Druck. Heruntergestimmte Siebensaiter-Gitarren und stützende Bässe helfen der „Wall Of Sound“ dann oft besser.

## Akustik-Gitarren

Für eine schöne, melodische Fülle in einem Song sorgt immer eine Akustik-Gitarre. Selbst eine ganz einfache Akkordbegleitung gibt dem Song eine echtere Note, wenn man sie nur ganz leise dazu mischt. Dabei kann man den ganzen „Bauch“ der Gitarre wegfiltern und nur das Anschlaggeräusch der Saiten übrig lassen. So wird der Sound nicht zu dicht, der Eindruck der Akustik-Gitarre bleibt aber trotzdem.

Bei der Aufnahme, vorzugsweise mit einem Kleinmembran-Mikrofon, gilt die Devise: Weg vom Schallloch! Richten Sie das Mikrofon lieber Richtung

Decke zum Steg hin. Und wenn der Sound immer noch zu dumpf ist, wirkt es oft Wunder, ein Blatt Papier über das Schallloch zu kleben. Je weiter die Akustik-Gitarre im Vordergrund der Mischung steht, desto mehr möchte man aber auch den Anteil der schwingenden Saiten am Hals hören. Sogar der Teil jenseits der Greifhand trägt zum Sound bei, und Griffgeräusche müssen nicht störend sein, sondern werden gern für den betont handgemachten Touch der Musik mit aufgenommen.

Wenn Sie bei der Anschaffung Ihres Equipments die Tipps der ersten Kapitel dieses Buches befolgt haben, dann besitzen Sie jetzt ohnehin ein Stereo-Paar Kleinmembran-Mikrofone. Das trifft sich gut, denn dann richten Sie einfach das zweite Mikrofon auf den Hals der Gitarre und können später im Mix sogar die Anteile beider Bereiche separat einstellen. Achten Sie aber bitte unbedingt auf Phasenauslöschungen, beispielsweise, indem Sie schon während der Aufnahme die beiden Mikrofone nach ganz rechts und ganz links pannen und zur Kontrolle Ihren Control Room Ausgang mal auf Mono schalten oder auf den Korrelationsgradmesser routen.

**Das können Sie zuhause auch: Die beiden Kleinmembran-Mikrofone für die akustische Gitarre und gleichzeitig noch den Gesang mit dem Großmembran-Mikrofon aufnehmen.**

**Field Recorder**

Eine noch relativ neue Gerätegattung revolutioniert das Gebiet der Gitarrenaufnahmen. Für alte Recording-Hasen waren meterlange Kabel ins Badezimmer und aus diesem zurück keine Seltenheit, und auch der Sound eines voll aufgerissenen Marshalls im Treppenhaus des Studentenwohnheims rechtfertigte in den 1980er Jahren selbstverständlich den eventuell folgenden Streit mit überempfindlichen Kommilitonen.

Da hat es die nachwachsende Generation einfacher: Schnell das Playback auf den MP3-Player gespielt und einen Field-Recorder eingepackt. Diese Geräte kombinieren zumeist ein gutes Paar Kleinmembranmikrofone in fester XY-Anordnung mit einem SD-Karten-Aufnahmegerät in hochauflösendem Audioformat bei der Gehäusegröße einer Zigarettenschachtel. Bei mehrspuriger Ausführung kann man sich den Playback-Recorder auch noch sparen. Der Strom für das aufzunehmende Equipment bleibt dann das einzige zu lösende Problem, denn Synchronisationsprobleme gibt es im Zeitalter digitaler Quarz-Zeitbasen auch nicht mehr: Die Aufnahme einfach mit derselben Samplerate durchführen und später mit ihrem Beginn richtig anlegen, dann läuft sie über die typische Dauer eines Popsongs auch problemlos synchron.

## Ungewöhnliche Orte

Frühere Tonstudios verfügten über gekachelte Hallräume, deren kleinste Variante gern für Gitarrenaufnahmen benutzt wurde. Daher ist es nicht erstaunlich, dass auch heute noch Gitarrenaufnahmen gern in Badezimmern durchgeführt werden. Akustische Gitarren im Treppenhaus sind eine ähnlich klassische Kombination, hier wirkt das Zusammenspiel aus langer Hallzeit und Diffusion durch die Treppen.

Wer seine Gitarren selber einspielt und nicht den Profi-Studiogitarristen beschäftigt, kann durch ungewöhnliche Aufnahmeorte auch einen Motovationsschub bekommen: Ist aus den ersten Versuchen, eine gute Gitarrenspur aufzunehmen, ein wenig die Luft raus, kann ein Wechsel an eine andere Location auch für den Kopf Wunder bewirken.

# 13. Die Aufnahme von Drums

Nachdem bei Vocals kein Weg an der realen Aufnahme vorbei führt und Gitarren zumindest wünschenswert sind, stammen die Schlagzeugspuren in Studioproduktionen heutzutage zum größten Teil aus dem Sampler oder der Sample-Library des Recording-Programms. Selbst mit kleinem Speicherausbau und wenig Rechenleistung lassen sich die kurzen Drum-Samples laden, komfortabel auf einer MIDI-Tastatur anordnen und dann in Echtzeit einspielen oder im Editor des Sequenzers programmieren. Für den amtlichen Sound sorgen amtliche Samples, per CD-ROM gelangen selbst Bob Clearmountain's Drums in jedes Studio. Dennoch entsteht häufig der Wunsch nach mehr: Ein echtes Drumset mit einem echten Drummer klingt einfach lebendiger, und wer den Sampler-Klang zu steril empfindet, sollte es ruhig einmal mit der Aufnahme eines Akustik-Kits versuchen.

## Grundlagen

Das größte Problem bei der Schlagzeugaufnahme ist das Übersprechen zwischen den Mikrofonen, denn es ist gar nicht so leicht zu erreichen, dass beispielsweise die Snaredrum nur vom Snare-Mikrofon aufgenommen wird. Ziel für einen sauberen Klang ist die weitestgehend isolierte Aufnahme jedes Instruments eines Drumkits durch geschickte Mikrofonplatzierung und sauberes Gaten. Was durch Position und Richtwirkung der Mikrofone nicht zu trennen ist, wird bei der Drum-Aufnahme nämlich mit Noise Gates bearbeitet, die Sie in einer früheren Ausgabe Studiowissen bereits kennengelernt haben.

Gleichzeitig aber beginnt der Klang aber erst durch die allen Drum-Instrumenten gemeinsame Komponente zu leben. Der Beweis: Durch Antriggern separat aufgenommener Einzelsounds im Sampler wird der Ansatz der isolierten Drum-Instrumente theoretisch zur Perfektion geführt, in der Praxis klingt es dann aber steril. Wie so oft ist es der goldene Mittelweg, der zum Ziel führt. Weitestgehend isolierte Signale mit genau dem richtigen Anteil „Schmutz“ sind das Geheimnis des Erfolgs guter Drum-Aufnahmen. Durch die Aufstellung der Mikrofone möglichst dicht an den Trommeln, durch Wahl der richtigen Mikrofone und durch den geschickten Einsatz von Gates wird die Aufnahme angegangen.

**Das Drumset**

Was vom Mikrofon nicht aufgenommen wird, kann selbst durch die beste Nachbearbeitung nicht hervor geholt werden. Bevor es also an die Mikrofonierung geht, muss erstmal das Drumset selbst perfekt klingen. Ordentlich gestimmte Trommeln gehören ebenso dazu wie die richtige Dämpfung. Im Vergleich zum Live-Einsatz schadet es im Studio nicht, lieber zu viel als zu wenig zu dämpfen.

## Bassdrum

Meistens wird auf das Resonanzfell ganz verzichtet, und die Dämpfung erfolgt mit in den Kessel geklebtem Schaumstoff oder in die Trommel gelegten Decken oder Kissen. Aufgrund der tiefen Grundfrequenz und das kaum über 5 kHz hinauf reichende Obertonspektrum hat sich der Einsatz spezieller Bassdrum-Mikrofone bewährt, die zudem pegelfest genug sind, um den extrem hohen Schalldruck im Inneren der Bassdrum zu verarbeiten. Klassiker ist das AKG D112, das vielen Toningenieuren aber zu stark dröhnt. Eine interessante Alternative ist das e602 und das e902 aus der Evolution-Serie von Sennheiser. Ein Geheimtipp für die härtere Gangart stellt das Audix D6 dar.

Sehr wichtig ist auch die Anordnung des Mikrofons, das meist im Inneren der Bassdrum platziert wird und dessen Position den „Kick"-Anteil erheblich beeinflusst: In der Mitte des Fells ist er größer, zum Rand hin geringer. Mit dem Abstand zum Fell kann man den Bass-Anteil bestimmen. Schließlich kann man die Bassdrum auch von außen mikrofonieren, was besonders natürlich klingt und beispielsweise im Jazz häufig eingesetzt wird. Immer häufiger werden auch Grenzflächenmikrofone verwendet, die man einfach in die Bassdrum legt.

Wer kein Problem mit dem Übersprechen hat und die Bassdrum einzeln aufnimmt, sollte auch einmal mit Druckempfängern statt Druckgradientenempfängern experimentieren. Für die Aufnahme klassischer Pauken in einem Orchester werden beispielsweise gerne Schoeps-Kugeln eingesetzt, und solche Erfahrungen lassen sich durchaus auf Pop-Drums übertragen.

# Snare

Auch die Snare hat die meisten Frequenzanteile im Bassbereich, das Spektrum des Teppichs erreicht aber durchaus 10 kHz und mehr. Die Wahl der richtigen Trommel ist für den Sound immens wichtig. Hier sollte man nicht am falschen Ende sparen, zumal die Snare das meistgespielte Instrument des gesamten Schlagzeugs ist. Allein durch Wahl beispielsweise einer edlen Ludwig-Snare wird der Sound enorm aufgewertet, und der richtige Partner für den obertonreichen Klang ist ein Kondensatormikrofon.

Für eine genauere Formung des Klangs bietet sich auch die Abnahme mit zwei Mikrofonen an. Eines ist für das Schlagfell zuständig. Das Mikrofon wird am Rand der Snare in etwa 5 Zentimetern Entfernung oberhalb des Fells angebracht und zeigt schräg in die Richtung, wo der Stick auf das Fell trifft. Hier kommt traditionsgemäß ein Shure SM57 zum Einsatz, das über Generationen den Snare-Sound geprägt hat. Mit dem Abstand zum Fell bestimmt man den Bass-Anteil, der durch den Nahbesprechungseffekt bei kleinerem Abstand steigt. Auch die Variation des Mikrofons hat Auswirkungen auf den Klang, beispielsweise klingt das neuere Beta 57 etwas höhenbetonter.

Das zweite Mikrofon für den Teppich sollte dann das hochwertigere Kondensator-Modell sein. Da ein Mikrofon von oben und eines von unten abnimmt, ist bei zweiterem der Phase-Reverse-Schalter des Mischerkanals zu aktivieren. Außerdem ist es wichtig, den Abstand der Mikrofone zur Vermeidung von Auslöschungen exakt zu justieren. Ein Routing der beiden Kanäle auf einen Korrelationsgradmesser kann beim Einstellen sehr hilfreich sein.

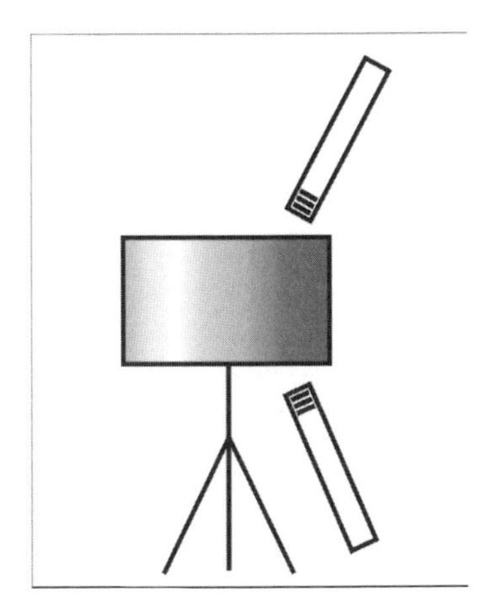

**Bei gleichzeitiger Abnahme einer Snaredrum von oben und unten spielt der Phase-Reverse-Schalter eine wichtige Rolle.**

## HiHat und Becken

Noch mehr Obertöne als die Snare erzeugt die HiHat, weshalb auch hier ein gutes Kondensatormikrofon Pflicht ist. Häufig wird das Snare-Mikrofon so platziert, dass es auch gleich die HiHat mit aufnimmt. Zwar stellt dieses Verfahren eine gute Methode dar, ein Mikrofon einzusparen und Übersprechprobleme gar nicht erst aufkommen zu lassen, aber eine separate Nachbearbeitung beider Instrumente ist dennoch vorzuziehen. Mehr Druck auf der Snare durch einen Kompressor und mehr Glanz auf der HiHat durch einen Exciter ist beispielsweise erst durch getrennte Abnahme möglich. So sollte das HiHat-Mikrofon das obere Becken abnehmen und von der Snare abgewandt ausgerichtet werden, und auch bei der Ausrichtung des Snare-Mikrofons ist darauf zu achten, dass es nicht so viel von der HiHat mit aufnimmt.

Beim Schließen der HiHat strömt zwischen den beiden Becken Luft aus. Befindet sich das HiHat-Mikrofon zu nah am Rand, kann es diesen Luftstrom erfassen, was zu unschönen Störgeräuschen führt. Hier ist also Vorsicht geboten.

Auch die Becken sind sehr obertonreich und fordern ein gutes Kondensatormikrofon. Ihre Einzelabnahme hat jedoch mit Problemen zu kämpfen: Beim Anschlag bewegt sich das Becken, wodurch sich der Mikrofonabstand und damit die Lautstärke verändert. Rückt man das Mikrofon zur Kuppe des Beckens, macht sich die Bewegung weniger bemerkbar, allerdings entfaltet das Becken an dieser Stelle nicht sein volles Frequenzspektrum. Dennoch ist eine nachträgliche Klangformung eines so gewonnenen Mikrofonsignals oft besser als ein am Rand platziertes Mikrofon mit Lautstärkeschwankungen. Auf jeden Fall müssen die Signale der Einzelmikrofonierung der Becken mit dem Overhead-Signal abgeglichen werden. Hier nimmt ein Mikrofonpaar über dem Schlagzeug das Stereo-Signal aller Becken gemeinsam auf, worauf wir im weiteren Verlauf dieser Folge Studiowissen noch zu sprechen kommen.

## Toms

Da die Toms fast ausschließlich Frequenzen im Mittenbereich haben, stellen sie die geringsten Anforderungen an die Mikrofone. Wer für HiHat- und Snare-Mikrofon das Studio-Budget schon überstrapaziert hat, darf an dieser Stelle gern sparen. Oft kommen sogar ausrangierte Gesangsmikrofone zum Einsatz. Allerdings muss bei den Toms häufig sehr stark mit der Platzierung der Mikrofone experimentiert werden.

**Übersprechen und Richtcharakteristik**

Um die Signale der einzelnen Trommeln sauber zu trennen, also ein zu großes Übersprechen zwischen den einzelnen Drum-Mikrofonen zu vermeiden, bietet es sich an, Mikrofone mit ausgeprägter Richtcharakteristik zu verwenden. Werden aus diesem Grund Hypernieren-Mikrofone verwendet, ist jedoch darauf zu achten, dass diese im Gegensatz zur Niere ein exakt nach hinten ausgerichtetes Nebenmaximum aufweisen. Besonders bei der Abnahme der Snare ist daher darauf zu achten, dass nicht ausgerechnet die HiHat in dieses Nebenmaximum fällt, sich also nicht in der Verlängerung der Mikrofonachse nach hinten befindet.

Eine Abnahme im Inneren der Kessel bietet sich oft aufgrund von Resonanzerscheinungen nicht an und sollte nur gewählt werden, wenn man das Anschlaggeräusch unterdrücken und die Toms mehr als gestimmtes Instrument auffassen will. Hart und perkussiv klingen sie hingegen bei Abnahme von oben, hier aber ist die Neigung zum Übersprechen besonders stark. Trotzdem lohnt sich ein Experimentieren, denn besonders bei Rock und Metal lässt sich nur so der gewünschte, druckvolle Sound erreichen.

Tom-Abnahme von oben geschieht wie bei der Snare schräg in etwa im 45-Grad-Winkel, indem man mit dem Mikrofon auf die Fellmitte zielt.

## Gating

Um das Übersprechen zwischen den Instrumenten in den Griff zu bekommen, bieten sich Noisegates an. Der herkömmliche Einsatz besteht darin, die Schwellwerte so einzustellen, dass sich das für ein Instrument zuständige Gate nur dann öffnet, wenn dieses auch gespielt wird, bei übersprechenden Signalen jedoch geschlossen bleibt. Besonders bei den Toms liegen Stör- und Nutzsignal jedoch so nah beieinander, dass dieser Ansatz nicht immer funktioniert.

Instrumente, die sich im Frequenzspektrum unterscheiden, lassen sich durch Einschleifen eines Equalizers in den Sidechain-Weg des Gates überlisten, indem man die charakteristischen Frequenzen anhebt. Da sich der Equalizer nicht im Signalweg befindet, verändert er auch den Klang nicht. Im Sidechainweg sensibilisiert er aber das Gate für das betreffende Instrument.

Wenn das alles auch nicht hilft, gibt es eine wesentlich sicherere, aber auch aufwendigere und nicht zuletzt teurere Lösung. Neben der Mikrofonierung für die Audiosignale bringt man eine zweite zum Triggern an. Dazu werden Kontaktmikrofone an die Kessel der Trommeln geklebt, die auf die Erschütterung beim Anschlag reagieren und sehr sicher die Key-Eingänge der Gates triggern. Aber was passiert, wenn sich die Erschütterung beim Anschlag eines Toms über die gemeinsame Aufhängung auf ein zweites überträgt? Auch dazu gibt es eine Antwort: Man befestigt je ein Mikrofon an jedem Tom und ein weiteres an der Aufhängung. Die Tom-Mikrofone öffnen die Gates, das an der Aufhängung unterdrückt jedoch das Öffnen. So wird zwischen erwünschten und unerwünschten Erschütterungen unterschieden.

**Gating ohne Gates**

Beim Einsatz moderner Harddisk-Recording-Software ist der Einsatz von Hardware-Noisegates oft gar nicht mehr nötig. Da hier sowieso geschnitten, editiert und per Drag-and-Drop verschoben wird, kann man bei diesem Arbeitsgang auch gleich durchgängig vor und jedem Drum-Schlag der betreffenden Spur einen Schnitt setzen und alles andere stummschalten (Mute).

Dabei sollten die Objekte, die keine erwünschten Nutzsignale beinhalten, aber auch wirklich nur stummgeschaltet und nicht etwa gelöscht werden. Nur allzu leicht übersieht man nämlich leisere Anschläge oder sogenannte Dead Notes, bei denen der Drummer den Stick nur auf das Fell fallen lässt, ohne aber richtig zuzuschlagen. Entfernt man zu viele dieser Signalanteile, klingt das akustische Set schnell künstlich, und man ist wieder sehr nah am Sound von Sample Drums angelangt.

## Overhead

Als Overhead wird ein Stereo-Mikrofonpaar bezeichnet, mit dem das gesamte Schlagzeug gemeinsam aufgenommen wird. Unabhängig von der Möglichkeit, auf diese Weise wie bereits oben beschrieben die Becken abzunehmen, bringt das zusätzliche Einbringen eines Overhead-Signals mehr Leben in die Mischung, denn erst hier kommt die ganzheitliche Klangwirkung des Drumsets zur Geltung. Als Mikrofone kommen solche Modelle zum Einsatz, die man auch für die klassischen Hauptmikrofonverfahren einsetzen würde, beispielsweise die Kleinmembran-Kondensatormikrofone KM 184 von Neumann.

Wie bei Aufnahmen mit den Hauptmikrofonverfahren ist auch bei der Overhead-Abnahme ein Kompromiss zwischen genügendem Laufzeit-Anteil und ausreichender Monokompatibilität zu schaffen. Reine Intensitäts-Stereophonie klingt langweilig, aber ein AB-Verfahren verursacht meistens Probleme mit dem Korrelationsgrad. Außerdem ist unbedingt auf die Becken zu achten. Diese sind im Overhead-Signal meist sehr laut vertreten und können mit einer eventuellen Einzelabnahme kollidieren.

## Raumakustik

Besonders der Overhead-Sound hängt in starkem Maße von der Raumakustik ab. Die berühmte gekachelte Ecke ist nach wie vor ein guter Tipp, einen natürlichen Ambience-Effekt gleich bei der Aufnahme zu erzeugen. Die hohe Schule der Drum-Aufnahme geht aber wesentlich weiter: Hier werden variabel dämpfbare Räume genutzt, deren Reflexionsgrad der Wände durch verschiebbare Vorhänge oder bewegliche Absorber einstellbar ist. Einem homogeneren Drumsound kommt ein Holzpodest zugute, auf dem das Drumkit aufgebaut ist. Enorme Möglichkeiten eröffnet ein Reflektor über dem Schlagzeug, der auf einer waagerechten Achse drehbar angebracht ist. Mit einer akustisch harten Wand hinter dem Drumset und einem schräg nach oben vorn gerichteten Reflektor ergibt sich eine Art Exponentialhorn, in dem das Drumset steht. Ein vor dem Kit aufgebautes Paar Overheads nimmt so einen wesentlich druckvolleren, härteren und aggressiveren Sound auf. Umgekehrt bewirkt ein nach hinten auf eine dämpfende Wand gerichteter Deckenreflektor eine verhaltenere, weichere Aufnahme.

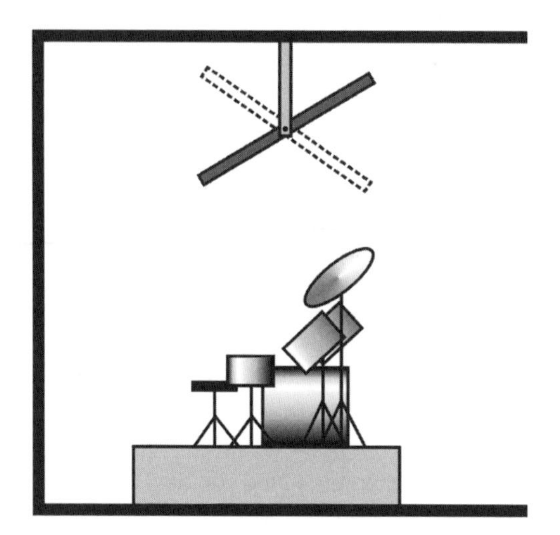

**Holzpodest und einstellbarer Reflektor an der Decke gehören zur hohen Schule des Drum-Recording.**

## Sample-Drums

Die gewonnenen Erkenntnisse bei der Arbeit mit einem Akustik-Set lassen sich auch für samplebasierte Arbeit gewinnbringend einsetzen. Statt per Gate getrennter Spuren kann man auch die einzelnen Drums sampeln, wobei die Lebendigkeit durch das gezielte Belassen der Einflüsse benachbarter Trommeln erhalten werden kann. Auch eine Overhead-Aufnahme von jeder separaten Trommel bietet sich als Sample an, das ganz leise zusammen mit dem Hauptsample angetriggert wird. Wer auf diese Weise ein Sample-Set mit Bedacht anlegt, kann dem akustischen Original schon sehr nahe kommen, zumal für viele Stilrichtungen ohnehin eine Mischung aus Akustik- und Elektronik-Sounds angesagt ist. Allerdings ist das Anlegen eines solchen Sample-Sets keineswegs weniger aufwendig als die entsprechende Schlagzeugaufnahme, jedoch gibt es hervorragend vorbereitete Sample-Sets bei den einschlägigen Sound-Anbietern käuflich zu erwerben.

Bei Verwendung eines hochwertigen Sound-Sets sollte man die Drums dann aber am besten nicht am Rechner programmieren, sondern von einem Schlagzeuger per Trigger-Drumset ansteuern lassen. Neben dem Sound ist es nämlich ganz besonders die Spielweise, die einen authentischen Schlagzeugsound ausmacht. Und das kann nach wie vor ein echter Drummer am besten.

# 14. Der perfekte Mixdown

Nachdem alle Spuren Ihres Songs aufgenommen, geschnitten und bearbeitet sind und Sie beispielsweise beim Gesang auch schon Effekte ausgesucht haben, ist es dann irgendwann soweit: Ihre Studioproduktion muss abschließend gemischt werden.

Dabei müssen die wichtigen Grundregeln des Arrangeurs, der durch Weglassen und Platz schaffen einen Song optimiert, auch durch den Toningenieur beim Mixdown unterstützt werden. Während der Arrangeur die Instrumente durch Wahl der Lagen im Frequenzspektrum verteilt, greift der Toningenieur mit dem Equalizer ein.

Gehen Sie dabei bitte nicht von schon vorhandenen Monitor-Mischungen aus. Die Mischungsverhältnisse der Instrumente des Playbacks haben Sie dort anders beurteilt, weil eben die Gesangsspuren noch fehlten. Daher lässt sich der Gesang im Nachhinein auch nicht einfach „einbauen“. Am besten beginnen Sie mit der Mischung ganz von vorn. Was sich zunächst aufwändiger anhört, erweist sich unterm Strich fast immer als der schnellste Weg.

## Nullen und Einrichten

Nur allzu leicht schleichen sich in den Mix unerwünschte Signale ein, weil vom letzten Projekt unbemerkt noch Kanalzüge geöffnet sind. Daher empfiehlt es sich, vor Beginn einer neuen Produktion das Mischpult zu initialisieren: Alle Gain-Regler auf Minimum stellen, alle Equalizer in die Neutralstellung, sämtliche Fader schließen, alle Routing-Taster deaktivieren und alle Kanalzüge muten. Das Aufheben des Routings der Kanäle auf die Stereosumme ist selbst dann wichtig, wenn der Fader schon auf Null steht, denn ein gerouteter Kanal rauscht auch bei geschlossenem Fader ein wenig.

Im nächsten Schritt beschriften wir die Kanalzüge. Wer beim Aufnehmen die Spuren schon sinnvoll benannt hat, braucht eventuell gar nichts mehr zu tun, denn die Namen werden in die Kanalzüge des virtuellen Mischers der Recording-Software übernommen. Wer mit einem Hardware-Pult arbeitet, findet Platz für die Beschriftung ober- oder unterhalb der Fader. Auf einem Klebestreifen, der hier befestigt wird, kann mit einem Filzstift in jedem Kanalzug das entsprechende Instrument notiert werden. So ist ein Irrtum beim Mix ausgeschlossen, und nach Beendigung der Produktion lässt sich durch Entfernen des Klebebands die gesamte Beschriftung leicht wieder entfernen.

## Aussteuerung

Im nächsten Schritt werden sämtliche Kanalzüge ausgesteuert. Das hat noch nichts mit der späteren Lautstärke der Signale im Mix zu tun, hier geht es zunächst nur um die technisch richtige Verarbeitung der Signale durch das Mischpult. Wer eine Meterbridge besitzt, kann daran den Pegel jedes Kanals ablesen und ihn mit dem Gain-Regler so einstellen, dass die lautesten Passagen die 0-dB-Marke nur leicht überschreiten. Bei digitalen Pulten muss das Signal dagegen unter allen Umständen unterhalb dieser Marke bleiben, da ansonsten Verzerrungen auftreten.

Wer rein virtuell arbeitet, bleibt von dieser Arbeit übrigens nicht verschont. Weisen die Einzelspuren zu starke Pegelunterschiede auf, klappt der Mixdown auch bei ausschließlicher Verwendung des Software-Mixers nicht richtig, und eventuell eingesetzte Dynamik-Plugins werden nicht mit dem richtigen Arbeitspunkt betrieben. Ohne Meterbridge muss erst der jeweilige Kanalpegel zur Anzeige gebracht werden. Bei Digitalpulten geschieht dies mit der View-, bei Analogpulten mit der PFL-Funktion.

Sehr häufig werden bei der Aussteuerung die Effekt-Sends vergessen. Es reicht aber bei weitem nicht aus, die Aux-Regler einfach nur so weit zu öffnen, bis der Effektanteil angenehm klingt. An diesem Punkt sollte der Aux-Bus des Mischpults mit Hilfe der einzelnen Sends und des gemeinsamen Send-Reglers in der Mastersektion ebenfalls korrekt ausgesteuert sein. Kontrollieren lässt sich dies an der Meterbridge oder durch die AFL-Funktion des Master-Sends. Ein Blick auf die Pegelanzeigen am Eingang des Effektgeräts oder Plugins zeigt, ob auch hier der Pegel noch erhöht werden kann. Gerade Anwender von Vintage-Hardware sollten hier ihre Hausaufgaben machen: Wenn Sie den Eingang eines 18-Bit-Effektgeräts mit einem Pegel von -24 dB ansteuern, arbeitet es nur noch mit 14 Bit, und genau so klingt dann auch der Hall. Der richtige Weg besteht darin, es ebenfalls so hoch wie möglich auszusteuern. Falls der Effekt dann zu laut ist, schließt man lieber den Return-Regler.

## Lautstärke und Panorama

Wenn alle Pegel stimmen, kann der Mix aufgebaut werden. Ein guter Mix überzeugt in erster Linie durch die korrekte Platzierung der Instrumente im Klangbild. Daher empfiehlt es sich als erstes, nur mit den Fadern und Panoramareglern einen möglichst homogenen Mix aufzubauen.

Instrumente, die einen ähnlichen Frequenzbereich aufweisen, können an entgegengesetzten Positionen im Panorama platziert werden, damit sie sich wenigstens dadurch unterscheiden. Auch Percussion-Sounds klingen abwechslungsreicher, wenn sie nicht alle aus der gleichen Richtung kommen. Bei der Verteilung im Panorama beachtet ein erfahrener Toningenieur auch die spektrale Verteilung. Wird die HiHat beispielsweise nach rechts gemischt, wo sie sich auch bei einem Natur-Drumset befindet, kommt der Shaker nach links, um einen ausgewogenen Höhenbereich zu erhalten.

Da der Gesang fast immer das tragende Instrument des Songs ist, kann er im Panorama durch kein anderes Instrument kompensiert werden und gehört daher in die Mitte. Bei einem Background-Chor sieht es aber schon wieder anders aus, denn hier stehen mehrere Stimmen zur Verfügung, die effektvoll im Panorama gespreizt werden können.

Tieffrequente Instrumente wie Bassdrum und Bass müssen aus technischen Gründen stets exakt aus der Mitte zu hören sein. Eine andere Panoramaposition wäre sinnlos, da tiefe Frequenzen vom menschlichen Ohr nicht in der Richtung geortet werden können. Tiefe Töne leisten aber den größten Beitrag zur Aussteuerung der Stereosumme und verschlingen bei der Wiedergabe den größten Teil der Endstufenleistung. Eine gleichmäßige Aussteuerung der beiden Stereokanäle und eine optimale Ausnutzung der Endstufenleistung lässt sich daher nur erreichen, wenn die tieffrequenten Instrumente in der Mitte angeordnet werden.

## Equalizer

Bestimmt kennen Sie das Problem: Jede Ihrer Einzelspuren klingt hervorragend, aber wenn alle zusammengemischt werden, kommt nur noch Klangbrei heraus. Zur Lösung dieses Problems gelten die gleichen Grundregeln wie schon beim Arrangement. Die Instrumente müssen sich gegenseitig Platz lassen und ineinander verzahnen, statt sich zu verdecken. Daraus lässt sich die Empfehlung ableiten, die Equalizer des Pults erst beim Mixdown einzustellen und nicht zu viel Zeit an Einzelsounds zu verschwenden. In der Tat klingen die einzelnen Spuren einer professionellen Produktion meist schlechter als die einer Homerecording-Aufnahme, wenn man sie einzeln abhört. Aber das Ziel besteht ja nicht darin, möglichst gute Einzelsounds zu erstellen, sondern einen gut klingenden Mix anzulegen. Im Zweifel sind die dünner klingenden Sounds meist die besseren.

Das Ziel beim Einsatz von Equalizern besteht daher vorrangig im Ausdünnen von Sounds. Häufig wird vergessen, dass sich die Regler eines Equalizers in zwei Richtungen drehen lassen: Man kann Frequenzen auch absenken! Je besser das Arrangement ist, desto weniger Equalizer-Einsatz ist nötig. Allerdings lässt sich das Arrangement mit den Equalizern unterstützen. Frequenzbereiche, die für den Klang eines Instruments nicht unbedingt nötig sind, werden abgesenkt. Beim Gesang können beispielsweise Frequenzen unter 80 Hz generell abgesenkt werden, da hier keine Spektralanteile mehr vorhanden sind. Eventuelle Popgeräusche oder Trittschall werden dabei gleich mit ausgefiltert.

Selbstverständlich kann der Equalizer auch zur bewussten Klangformung eingesetzt werden. Wenn der Stimme also etwas Bauch fehlt, versuchen Sie eine Anhebung zwischen 100 und 300 Hz. Und wenn die Stimme nicht brillant genug klingt, bewirkt eine Höhenanhebung oft Wunder. Durch allzu extreme Einstellungen wird der Klang aber zunehmend unnatürlich. Ist dies nicht ausdrücklich erwünscht, ein geringerer Equalizer-Einsatz aber nicht möglich, können zumindest störende Einflüsse durch die technischen Grenzen des Pults ausgeschaltet werden. Besonders bei preiswerten Mischpulten klingt die parametrischen Filterbänder oft nasal und hart. Im Höhen- oder Bassbereich klingen die Kuhschwanz-Filter meist besser. Und anstatt die Mitten anzuheben, führt eine Absenkung der hohen und tiefen Frequenzen bei anschließender Pegelanhebung zum gleichen, meist aber klanglich besseren Ziel.

In einigen Fällen kann der Einsatz des Equalizers aber gar nicht radikal genug sein. Bei einer Akustik-Gitarre im dichten Arrangement kann man beispielsweise den Bauch (untere Mitten) beherzt wegnehmen und nur noch das glitzernde Schrummeln des Plektrums übrig lassen. Wenn diese Spur solo abgehört wird, klingt sie zwar schrecklich, aber im Mix überzeugt sie durch eine ungeheure Durchsetzungskraft. Hier spielen die alten Hasen unter den Produzenten ihre ganze Erfahrung aus: Mittenlastige E-Pianos ohne Klangfülle, mit einem Hochpass radikal gestutzte HiHats, extrem mittig gefilterter Gesang in Dance-Nummern oder ein kaum hörbarer Grummel-Bass klingen allein zwar oft grausig, werden im Mix aber zu einem hervorragend klingenden Ganzen und bilden einen zentralen Punkt des Geheimnisses der Mixkunst.

## Dynamik-Kompression

Zum perfekten Mix gehört auch die Formung der Dynamik. Dies geschieht durch Regelverstärker, die ihre Verstärkung zeit- und pegelabhängig verändern. Aus dieser technischen Funktion lässt sich bereits die erste Grundregel ableiten. Da das Signal den Regelverstärker durchläuft und dort eine Lautstärkeänderung erfährt, muss es durch das bearbeitete Signal ersetzt werden. Ein Beimischen des Effektsignals führt nach den Regeln der „alten Schule" nicht zum Ziel, daher gehören Dynamik-Effekte nicht in die Aux-Wege, sondern stets in die Inserts. Ausnahmen bestätigen hier in jüngster Zeit allerdings die Regel, das moderne Schlagwort lautet „Parallelkompression". Da dieses Thema sehr komplex ist, widmen wir ihm einen separaten Beitrag in einer der nächsten Folgen Studiowissen.

Jede Gesangs- und Instrumentalspur besteht aus einer zeitlichen Abfolge von Impulsen, die durch die einzelnen Silben oder Töne gebildet werden. Aus diesem Grund ergibt sich ein Durchschnittspegel, der oft um 10 bis 20 dB unterhalb des Spitzenpegels liegt. Damit wirkt die Spur bei gleicher Aussteuerung deutlich leiser als der Rest eines Pop-Titels. Damit sich die Spur besser durchsetzt, müsste sie daher lauter abgemischt werden. Manchmal sind die Impulsspitzen dann aber zu laut, und die Spur fügt sich nicht mehr harmonisch in die Musik ein.

Abhilfe schafft ein Kompressor, den Sie in den Insert Ihres Mischpultkanals einschleifen. Oberhalb eines bestimmten Pegels, auch Schwellwert oder Threshold genannt, senkt der Kompressor die Verstärkung ab. Wie stark die Absenkung erfolgt, bestimmt das Kompressionsverhältnis, auch Ratio genannt. Unterhalb des Schwellwerts bleibt das Signal unverändert. Damit rücken laute und leise Stellen näher zusammen, und bei gleichem Spitzenpegel steigt der Durchschnittspegel. Der Grund liegt auf der Hand: Um an den lauten Stellen den gleichen Pegel wie vorher zu erzielen, müssen Sie die betreffende Spur lauter abmischen. Damit werden auch die leisen Stellen lauter, da sie ja zuvor nicht abgesenkt wurden.

Sinnvolle Einstellungen des Kompressors sind Kompressionsraten zwischen 1,5:1 (unhörbare Kompression) und 6:1 (vollständige Nivellierung). Wählen Sie die Kompression so gering wie möglich, wenn Ihre Spur möglichst lebendig bleiben soll, aber andererseits hoch genug, damit sie sich in den Mix eingliedert.

Weitere Parameter des Kompressors sind seine Regelzeiten. Die Regler Attack und Release bestimmen, wie schnell die Kompression beim Überschreiten des Schwellwerts einsetzt, und wie schnell sie nach dessen Unterschreiten wieder nachlässt. Für unauffällige Kompression sind Attackzeiten zwischen 2 und 20 ms und Release-Zeiten um 100 ms ein guter Ausgangspunkt. Auch ist häufig eine Soft Knee- oder Overeasy-Funktion anzutreffen, die den Übergangsbereich der Kennlinie um den Schwellwert weicher gestaltet.

Aber auch der Kompressor lässt sich als bewusster Klangformer einsetzen. Mit langen Attackzeiten, hohen Kompressionsraten und Hard Knee-Einstellung ist er alles andere als unauffällig. Auf diese Weise lassen sich zum Beispiel markante Attack-Phasen in Gitarrenspuren herausarbeiten oder das Sustain einer verzerrten Gitarre verlängern. Allerdings sollte man es mit der Kompression auch nicht übertreiben, denn durch das Zusammenrücken von leisen und lauten Bereichen wird auch das Rauschen lauter. Und bei allzu extremen Einstellungen können die Höhen auf der Strecke bleiben oder das gefürchtete Pumpen auftreten. An vielen Stellen wird man auch völlig auf Kompression verzichten oder die Dynamik mit dem Gegenstück des Kompressors, dem Expander, sogar erhöhen.

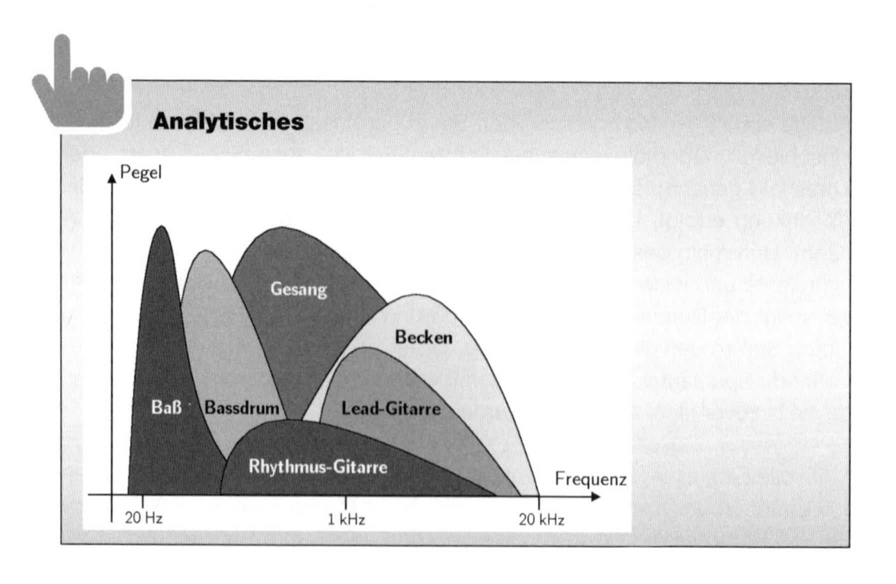

Im klassischen Rock-Song spielt der drückende, tiefe Bass unterhalb der Bassdrum. Zur Separation ist EQ-Einsatz Pflicht. Die Rhythmus-Gitarre deckt ein breites Spektrum ab, ist aber relativ leise. Die verzerrte Lead-Gitarre hat viele Obertöne, aber kaum tiefe Frequenzen, da sie in sehr hohen Lagen gespielt wird. Becken runden das Spektrum nach oben ab, und in der Mitte bleibt eine Lücke, in die sich der Gesang nahtlos einfügt.

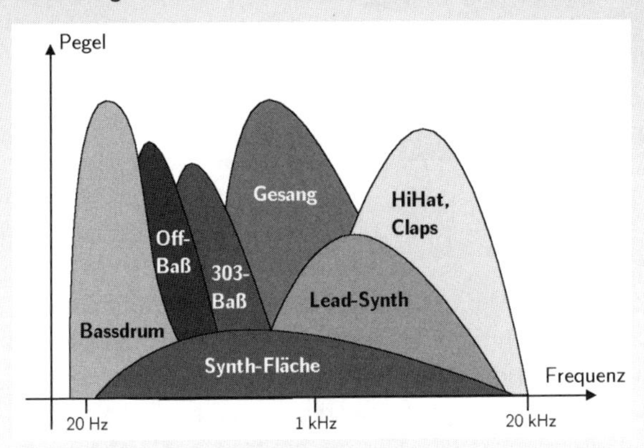


Beim Dance-Song fällt als erstes der Rollentausch zwischen Bassdrum und Bass auf. Die Bassdrum deckt den tiefsten Frequenzbereich allein ab. Ein grummelnder Bass auf den Offbeats hat ein sehr eingeschränktes Spektrum, damit die knochig-mittige 303-Linie nicht verdeckt wird. Zu hohe Anteile des Off-Bass und zu tiefe Anteile der 303-Linie müssen mit dem EQ unterdrückt werden. Die Synth-Fläche ist zwar extrem breitbandig, aber dafür sehr leise abgemischt. Damit sich der Lead-Synth abhebt, darf er keine zu tiefen Frequenzanteile besitzen. Auch die 303 muss nach oben hin begrenzt werden, damit noch Platz für den Gesang bleibt. Dieser hat aber viel weniger Raum als im Rock-Song. Dies ist der Grund, weshalb Dance-Gesang stets sehr mittig gefiltert ist.

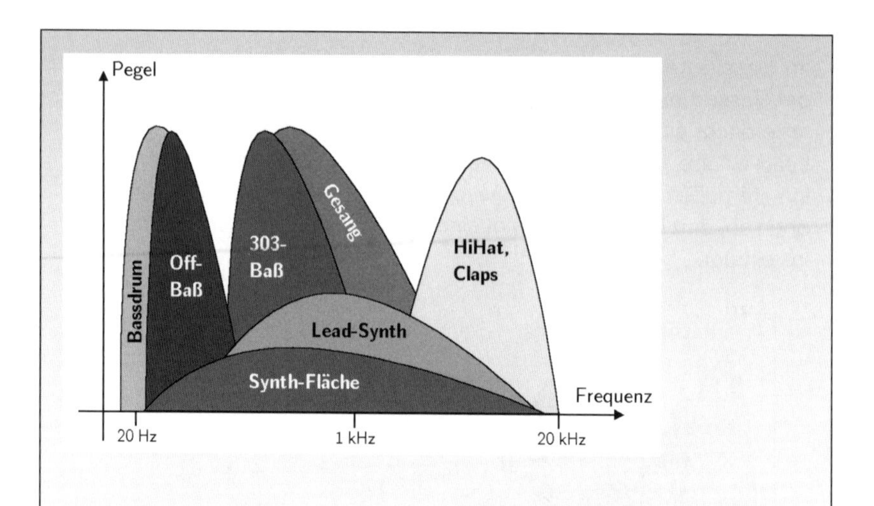


Im Vergleich ein schlechter Mix. Bassdrum und Off-Bass überlappen fast vollständig. Dies ist noch nicht so schlimm, da sie immer nur abwechselnd erklingen und kurze Noten spielen. Die Überlappung von 303-Linie und Gesang wiegt dagegen schwerer, denn hier lässt sich kein ausgewogenes Verhältnis einstellen. Der zu breitbandige Lead-Synth setzt sich gegenüber der Fläche nicht durch. Eine lautere Abmischung könnte das zwar kompensieren, würde aber zwangsweise zur weiteren Verdeckung des Gesangs führen. HiHat und Claps sind zu extrem gefiltert und haben durch übertriebenen Exciter-Einsatz zu viel Obertöne. Ein aufdringlicher Klang in den Höhen ist das Ergebnis, und durch den zu dumpfen, höhenarmen Gesang bleibt ein unschönes „Loch" im wichtigen Frequenzbereich um 2 kHz.

## Dynamics Spezial

Besonders in der digitalen Welt sind Dynamics in jedem Kanalzug mittlerweile weit verbreitet. Dennoch greift man auch hier gern zum externen Effekt in Form eines PlugIns, denn zwei Spezialanwendungen des Kompressors sind meist dann doch nicht serienmäßig an Bord: Der Ducker und der Deesser. Beide haben Sie schon im Kapitel über die Gesangsaufnahmen kennen gelernt, beim Mixdown gibt es nun aber noch weitere Aspekte zu beachten.

Im mittleren Frequenzbereich kämpfen die Vocals häufig gegen andere, mittige Instrumente wie beispielsweise Synth-Flächen oder Gitarren an. Diese Instrumente sollen in reinen Instrumentalpassagen zwar lauter hörbar sein, können während des Gesangs jedoch eine im Zusammenklang fast unhörbare, aber effektive Absenkung zwischen 1 und 3 dB vertragen. Dies erledigt der Ducker, der automatisch vom Gesang gesteuert wird und die Instrumente um den eingestellten Wert dämpft. Ein Ducker ist nichts anderes als ein Kompressor mit Sidechain-Eingang. Er wird in eine Subgruppe eingeschleift, auf der die zu regelnden Instrumente liegen. Sein Sidechain-Eingang wird mit dem Gesangssignal beschickt, sodass der Regelvorgang immer dann einsetzt, wenn der Gesang erklingt.

Der Deesser ist ein frequenzselektiver Kompressor, der das Signal nur dann unterdrückt, wenn hohe Frequenzen im Bereich um 8 kHz enthalten sind. Er kommt beim Gesang zum Einsatz, um Zischlaute zu unterdrücken. Aber auch, wenn der Sänger gar keine auffälligen Zischlaute erzeugt, können sie nach einer Höhenanhebung zur Verstärkung des hauchigen Anteils der Stimme störend wirken. Die Kombination aus Deesser und Anhebung der Höhen wirkt daher oft Wunder und ist vielfach das Geheimnis des angestrebten, „amerikanischen“ Sounds.

## Effekte

Der wichtigste Effekt ist der Hall. Unser Hörempfinden ist unmittelbar mit ihm verknüpft, da jedes in der Natur auftretende Geräusch auch mit einer Rauminformation verbunden ist. Elektronischen und nah mikrofonierten, akustischen Instrumenten fehlt diese Information jedoch, weshalb sie durch ein Hallgerät erzeugt werden muss. Grundsätzlich gilt, dass stärker verhallte Signale mit längeren Hallzeiten im Mix weiter hinten zu stehen scheinen, weniger verhallte mit kürzeren Zeiten rücken dagegen nach vorne.

Eine Ausnahme bildet häufig der Gesang, denn er soll ganz vorn stehen, aber trotzdem verhallt klingen. Hier hilft das Predelay des Hallgeräts. Eher kurze Hallzeiten oder gar ausschließlich Early Reflections wendet man auch gern bei auffallend tot klingenden Sounds an, die beispielsweise durch sehr nahe Mikrofonierung entstehen. Sie erhalten dadurch einen Raumeindruck, ohne hallig zu wirken. Genaueres zur Bearbeitung von Gesangsspuren mit Hall finden Sie im Kapitel über Gesangsaufnahmen.

Um einen Klang breiter wirken zu lassen, bietet sich der Chorus an. Er spreizt ein Monosignal durch Dopplungen im Stereopanorama und belebt statische Synthesizerflächen sehr eindrucksvoll. Allerdings sollte er sparsam eingesetzt werden, denn nur allzu schnell beeinflusst er die Monokompatibilität. Außerdem kann ein Sound nur dann breit klingen, wenn es andere Klänge im Arrangement gibt, die diese Eigenschaft nicht haben. Ähnliches gilt für Phaser und Flanger, die deutlich drastischer in das Klangbild eingreifen. Hier ist weniger oft mehr, will man nicht mit einem undefinierbaren Klangbrei enden.

Delay-Effekte gehören fast schon zum Arrangement und weniger zur Tontechnik. Durch Wiederholungen (Echos) wird der Klang verdichtet, und während dies bei leisen Delays im Gesang tatsächlich nur dem volleren Klang dient, sind laute Delays in der Hookline eher als Melodieinstrument anzusehen, machen sie doch oft aus einer schlappen Achtelsequenz einen flotten Sechzehntel-Groove. Damit dieser auch nicht holpert, kommen hauptsächlich Delay-Zeiten mit Tempobezug zum Einsatz. Viele Geräte ermöglichen schon die Eingabe der Delay-Zeit in BPM und Notenwerten, lassen sich zur MIDI-Clock synchronisieren oder bieten eine Tap-Funktion. Wenn Ihr Gerät keine dieser Möglichkeiten anbietet, hilft nur der Griff zum Taschenrechner. Eine besondere Anwendung des Delays ist die lautere Wiederholung der Endsilben in der Gesangslinie, während die Echos ansonsten eher leise sind. Diese Funktion bietet das Ducking Delay, dessen Ausgangssignal vom Gesang unterdrückt wird. Im Zeitalter des Harddisk-Recordings brauchen viele Produzenten hierzu aber gar kein Effekt-PlugIn mehr, weil sie die Endsilben einfach zeitverschoben auf eine benachbarte Audiospur kopieren.

## Exciter und Verzerrer

Manchmal stehen Sie vor dem Problem, dass Ihre Aufnahme unbedingt mehr Brillanz braucht, Sie aber selbst bei extremer Anhebung mit dem Equalizer kaum Obertöne, dafür aber jede Menge Rauschen hören. Abhilfe könnte hier ein Equalizer schaffen, der die Höhen nur dann kurzzeitig anhebt, wenn auch wirklich Obertöne vorhanden sind. Außerdem kann durch sehr geringe Phasenverschiebungen im Hochtonbereich die Wahrnehmung der Obertöne verstärkt werden, ohne diese tatsächlich anzuheben. Nach diesen Prinzipien arbeiten Enhancer, die daher auf der Suche nach Brillanz gute Dienste leisten.

Wenn es etwas heftiger zur Sache gehen darf, kommt vielleicht ein Exciter in Frage. Auch dieser widmet sich den Obertönen. Er hebt sie aber nicht an, sondern generiert sie gleich vollkommen neu, indem er sie mit einem Quadraturmultiplizierer aus dem Signal ableitet. Während dieser Effekt etwas härter klingt und sicher nichts für audiophile Aufnahmen akustischer Instrumente ist, profitieren selbst obertonärmste Signale davon und setzen sich auch in dichten Arrangements plötzlich besser durch. Für Exciter und Enhancer gilt aber in gleicher Weise: Weniger ist mehr! Der Effekt ist genau dann richtig eingestellt, wenn man ihn nicht eigenständig wahrnimmt, ihn beim Ausschalten jedoch vermisst. Das Gehör gewöhnt sich leicht an den Exciter-Effekt, wodurch man leicht zur Übertreibung verleitet und erst beim Abhören am nächsten Tag auf den Boden der Tatsachen zurückgeholt wird.

Falls auch der Exciter die rechte Durchsetzung im Mix vermissen lässt, können Sie einmal ausprobieren, Ihrer Aufnahme mit Verzerrern zu Leibe rücken. Die Palette reicht von der dezenten Simulation des magnetischen Bandsättigungseffekts bis zu Röhrenstufen, die einen kräftigen Klirrfaktor erzeugen. Einerseits sollten Sie des Guten nicht zu viel tun, andererseits kommen in einigen Chart-Produktionen Choraufnahmen mit 10 Prozent Klirr zum Einsatz, die für sich allein völlig krank klingen, im Arrangement aber unglaublich Eindruck machen.

## Fader-Fahrten

Ein guter Mix lebt erst durch Bewegung richtig auf. Eine leichte Absenkung der Flächenklänge während Gesangspassagen, im Panorama wandernde Synthesizer-Hooklines oder das langsame Einblenden einer Streicherlinie bringen Abwechslung in den Song. Bewegen lässt sich so ziemlich alles, solange es gut klingt. Nur von Fahrten bei Drums und Bass sollten Sie absehen, da diese nur dann ein ordentliches Klangfundament bilden, wenn ihre Pegel unverändert bleiben.

Zum Glück sind im Computer-Zeitalter die Zeiten vorbei, in denen die Fader während des Mixdowns in Echtzeit gefahren werden und bei vielen Kanälen entsprechend viele Freunde als Helfer eingeladen werden mussten, um beim Faderschieben mitzuhelfen. Heute zerschneiden Sie die Spur einfach in mehrere Objekte, deren Höhe meist für die Lautstärke steht. Häufig können Sie die per Mauszeiger am virtuellen Fader vorgenommenen Bewegungen auch aufnehmen, oder aber Sie zeichnen den Verlauf der Fader-Fahrt als Automationskurve einfach in die Spur ein.

**Subgruppen und Effekte**

Beim Mixdown lassen sich die einzelnen Kanäle meist verschiedenen Instrumentengruppen zuordnen, die untereinander feinfühlig abgeglichen werden, später aber noch gemeinsam in der Lautstärke angehoben oder abgesenkt werden sollen. Zu diesem Zweck werden beispielsweise alle Schlagzeug-Kanäle oder auch die Spuren dreier Rhythmus-Gitarren nicht auf die Stereosumme, sondern auf eine Subgruppe geroutet. Mit den Fadern der Subgruppe lässt sich dann die Gesamtlautstärke im Mix einstellen.

Werden die Effektgeräte bei der Arbeit mit Subgruppen aber nach wie vor durch die Aux-Sends der einzelnen Kanäle angesteuert, verändert sich der Effektpegel bei einer Lautstärkeänderung der Subgruppe nicht, da der Abgriff hinter den Kanal-Fadern und nicht hinter dem Fader der Subgruppe erfolgt. Das Ausspielen des Effekt-Sends aus der Subgruppe ist nur selten eine Abhilfe, da dann alle Instrumente der Gruppe mit dem gleichen Effekt belegt würden. Eine Drum-Aufnahme profitiert aber gerade davon, dass die Bassdrum beispielsweise mit einem sehr kleinen Raum, die Snare mit Gated Reverb und die Becken mit einem Flanger bearbeitet werden.

Die Lösung besteht im Routing der zugehörigen Effekt-Returns auf die Subgruppe. So bleibt das Pegelverhältnis zwischen Instrumenten und Effekten erhalten, und gemeinsam mit der Gesamtlautstärke der Gruppe wird auch das Ausgangssignal des Effektgeräts geregelt.

## Die Augen hören mit

Während der Beurteilung einer automatisierten Mischung sollten Sie übrigens vermeiden, auf die Fader zu blicken. Speziell geringfügige Veränderungen glaubt man nämlich leicht zu hören, nur weil man die Bewegung des Faders sieht. Das Gleiche gilt für die Automationskurven bei Harddisk-Recording-Programmen oder bei Audio-Sequencern: Schalten Sie notfalls einfach den Bildschirm aus. Manche Recording-Programme verfügen auch über eine entsprechende Funktion mit dem Namen „Ears Only“.

Was für den Mix gilt, lässt sich in gleicher Weise auch für das Arrangement sagen. Einige Musiker, die ihre Spuren live einspielen und nicht am Computer programmieren, bevorzugen daher selbst heute noch Hardware-Sequenzer. Die vielen bunten Ereignisse auf dem Bildschirm eines rechnergestützten Sequencers täuschen nämlich gern vor, dass der Song einfach gut klingen muss, weil man seinem optischen Reiz unterliegt.

## Summenbearbeitung

Wenn der Mix nach sorgfältiger Einstellung fertig ist, wird er auf ein Stereo-Medium aufgenommen. Heutzutage gestaltet sich dieser Arbeitsschritt meistens unspektakulär als Export einer Stereo-Datei. Um die geringe Dynamik und den damit verbundenen Lautstärkeeindruck heutiger Pop-Produktionen zu erreichen, empfiehlt sich die Bearbeitung der Stereosumme mit einem weiteren Kompressor. Häufig wird in der Summe auch ein Exciter eingesetzt, um der Brillanz den letzten Schliff zu geben. Diese Effekte sollte man aber sehr dezent einsetzen. Während eine leichte Summenkompression (ca. 1,5 bis 2:1) dazugehört, zeigt der Bedarf nach höheren Kompressionsraten meist Schwächen im Mix oder Arrangement auf, die vor der übertriebenen Einstellung des Kompressors zunächst beseitigt werden sollten. Ein Equalizer in der Summe ist normalerweise nicht nötig, da eine Anpassung des Gesamtklangs wesentlich besser und feinfühliger durch die Lautstärkeverhältnisse und die Klangregelung der einzelnen Kanäle erreicht werden kann. Stimmt der Klang der Produktion schließlich auch in punkto Summenbearbeitung, kann der Export beginnen.

Wenn die Produktion anschließend zum Mastering-Studio gegeben werden soll, kann man in der Regel ganz auf die Summenkompression verzichten und diese heikle Arbeit dem Mastering-Ingenieur überlassen, der neben seiner Erfahrung auch über hochwertigstes Equipment verfügt, das sich im Heimstudio nur selten finden wird. Weiterhin verfügt das Mastering-Studio über erstklassige Monitor-Lautsprecher in Verbindung mit einer definierten Abhörumgebung, die das eigene Wohnzimmer nicht einmal ansatzweise erreicht.

Wenn Sie diese Kosten trotzdem nicht investieren wollen, können Sie dennoch von einem Teil der Vorteile profitieren, indem Sie zum endgültigen Abmischen einen Bekannten hinzuziehen, der Ihren Song noch nicht kennt und ebenfalls unvorbelastet an die Sache herangeht. Und die Problematik der Abhörsituation relativieren Sie, indem Sie sich Ihren Song auf möglichst vielen unterschiedlichen Anlagen, durchaus auch im Auto, anhören und gegebenenfalls nachbessern. Welche Arbeitsschritte beim Mastering dann nötig sind, lesen Sie im folgenden Kapitel.

**Fingerprint**

In Signalpausen und beim Ausklang am Ende eines Songs lässt sich häufig ein leises Rauschen nicht vermeiden, besonders, wenn viele Spuren Aufnahmen akustischer Instrumente enthalten. Während des Songs wird es von den Instrumenten verdeckt, aber in den Pausen fällt es selbst bei einem technisch bereits guten Wert von -60 dB störend auf.

In vielen Studios sorgt ein in die Stereosumme eingeschleifter Downward-Expander für die Stille, die man von digitalen Medien erwartet. Soll die Aufnahme zur weiteren Bearbeitung in ein Mastering-Studio gegeben werden, ist der Einsatz eines Downward-Expanders oder einer Single-Ended Noise Reduction jedoch tabu. In diesem Fall empfiehlt es sich sogar, beim Mixdown vor dem Beginn des Songs eine längere Passage des Rauschens aufzunehmen, beispielsweise eine ganze Minute.

Im Mastering-Studio kommen dann Fingerprint-Denoiser zum Einsatz, die das Rauschen analysieren und aus dem gesamten Stück herausrechnen - also auch aus der Musik. Durch eine unzureichende Analyse entstehen dabei aber leicht unerwünschte Nebeneffekte, sogenannte Artefakte. Diese sind umso stärker, je kürzer die zur Verfügung stehende Rauschprobe ist. Hier wird also unbedingt die rauschende Stelle am Anfang oder Ende des Songs benötigt.

# 15. Das Mastering

Das nachträgliche Bearbeiten fertiger Stereo-Mischungen mit dem Ziel, eine optimale CD zu erhalten, wird häufig als Mastering bezeichnet. Ganz richtig heißt es eigentlich „Premastering“, denn als Mastering versteht man in der Branche das Herstellen des Glasmasters im Presswerk, und der hier beschriebene Arbeitsgang ist diesem Schritt vorgelagert. Soll gar keine CD-Auflage im Presswerk hergestellt werden, sondern geht es nur um das Brennen der eigenen Musik auf eine CD, unterscheidet sich das Vorgehen dennoch nicht großartig, denn auch diese CD soll schließlich so gut wie möglich klingen.

Die wichtigsten und für die Erstellung einer Audio-CD mindestens notwendigen Arbeiten sind schnell erklärt und ergeben sich schon fast selbstverständlich durch die Anforderungen an das gewünschte Ergebnis: Haben wir jeden einzelnen Titel als WAV-Datei vorliegen, so müssen diese Dateien in die gewünschte Reihenfolge gebracht werden. Dazwischen muss jeweils eine Pause sein, und am Anfang eines jeden Titels muss sich ein Index befinden, damit der wiedergebende CD-Player hinterher die Titel anspringen kann. Fast alle mit dem CD-Brenner im Bundle gelieferten Programme können das auch, und zwar vollautomatisch per Drag and Drop. In ein Fenster, das der CD entspricht, werden mit der Maus nacheinander die Dateien gezogen. Pausen und Indizes werden mittels eines Klicks auf die entsprechende Schaltfläche erzeugt, und fertig ist die zum Brennen vorbereitete Datei.

Aber das kann doch nicht alles sein? Schließlich handelt es sich beim Mastering um eine Dienstleistung, die nur in wenigen Studios durchgeführt werden kann, und Mastering-Ingenieure gehören zu den am besten bezahlten Studiotechnikern überhaupt.

## Schnitte und Fades

Schaut man sich den Vorgang genauer an, entsteht die Forderung nach weiterer Bearbeitung bereits durch die Tatsache, dass Sie beim Mixdown am Anfang und Ende jedes Titels etwas Stille mit aufgenommen haben. Dadurch beginnt der Titel nach dem Start der WAV-Datei nicht unvermittelt, sondern erst nach einer kurzen Vorlaufzeit. Ebenso unerwünscht ist der Teil der Audio-Datei am Ende des Titels, denn er erhöht die Pausenlänge. Daher sollten Sie zunächst die Anfänge und Enden des Tracks sauber schneiden.

In allen auf dem Markt befindlichen Programmen zoomen Sie zum Schneiden auf eine vergrößerte Darstellung und markieren die unerwünschten Teile, um sie danach zu löschen. Die meisten aktuellen Programme arbeiten objektorientiert, sodass Sie wie in einem Grafikprogrammen das Objekt (den Track) mit Anfassern per Maus in der Größe verändern und somit den wiederzugebenden Teil bestimmen können.

Manchmal existieren Hintergrundgeräusche, die durch ein abruptes Abschneiden erst richtig auffällig werden. Hier bietet sich statt des harten Schnittes ein weiches Ein- und Ausblenden an. Oft reichen wenige Millisekunden aus. Mit der gleichen Funktion können Sie jedoch auch einen Titel nachträglich ausblenden (Fade-Out), oder Sie können zwei aufeinanderfolgende Titel überblenden (Crossfade). Selbstverständlich ist es auch möglich, von zwei vorliegenden Versionen eines Tracks verschiedene Teile aneinander zu schneiden oder ineinander zu überblenden, um so durch Auswahl der besten Teile den Track zu verbessern. Sie sehen, dass allein mit den Möglichkeiten der Schnitte und Überblendungen bereits ein großes Potential für die Bearbeitung der Titel existiert. Um aus ihrer 3:45 Minuten langen Single-Fassung einen 2:55 Minuten langen Radio Cut zu machen, müssen Sie daher auch nicht unbedingt zurück in die Mischung gehen.

## Pausen und PQ-Daten

Wie oben bereits erwähnt, erzeugen die einfachen Brennprogramme eine Standardpause von zwei Sekunden Länge zwischen den Titeln und setzen einen Indexpunkt an den Anfang jedes Tracks. Spätestens durch die Möglichkeiten der Schnitte und Fades entsteht aber der Wunsch nach variabler Pausenzeit. Eine gleich lange Pause wirkt nach einem Fade-Out länger als nach einem abrupten Ende. Und auch aus dramaturgischen Gründen sind oft unterschiedliche Pausenlängen erwünscht. Somit sollten die Audio-Tracks frei auf der Zeitachse angeordnet werden können. Um danach die Start-Indizes setzen zu können, bieten alle Programme Automatikfunktionen und berücksichtigen dabei in der Regel, dass sich der Index gemäß Red-Book-Standard 12 Frames vor dem eigentlichen Anfang befinden muss, damit auch ungenaue Player den Titelanfang nicht verschlucken. Aber manchmal ist es auch nötig, den Startindex manuell zu setzen. Am Beispiel des

Crossfades zwischen zwei Titeln wird deutlich, dass hier gar keine Pause existiert und somit kein automatischer Index gesetzt würde. Dieser muss hier von Hand eingesetzt und eventuell nach mehrmaligem Testhören nochmal verschoben werden.

In jedem Falle manuell zu setzen sind die Pause-Indizes, die man nach vollständigem Ausklang jedes Titels einfügen kann. Sie lösen die Mute-Funktion des wiedergebenden CD-Players aus und stellen sicher, dass hinterher in den Pausen auch wirklich Ruhe herrscht.

Weiterhin gibt es Subindizes, die zwar im Bereich der modernen Unterhaltungsmusik selten, im Klassik-Bereich dafür umso häufiger anzutreffen sind. Diese Indizes sind eine Hierarchiestufe unterhalb der Start-Indizes angeordnet und markieren bestimmte Teile eines Tracks.

## Lautstärke und Hüllkurven

Wenn Sie später die fertige CD hören, dann müssen die Lautstärken der einzelnen Titel zusammen passen. Sowohl beim ununterbrochenen Durchhören der CD als auch beim Springen zwischen den Titeln sollten keine zu großen Lautstärkedifferenzen auftreten. Da Ihr Ausgangsmaterial aus einzelnen, zumeist unabhängig voneinander bearbeiteten Tracks besteht, wird diese Forderung nicht ohne Nachbearbeitung erfüllt sein. Daher müssen Sie die einzelnen Tracks in der Lautstärke angleichen. Das geht entweder durch Angabe eines Verstärkungsfaktors, durch Bedienen eines Reglers auf dem Bildschirm als Abspielparameter, oder beim objektorientierten Arbeiten wieder durch einen Anfasser.

Manchmal muss die Lautstärkeangleichung über die Laufzeit des Tracks auch unterschiedlich sein, weil der Hauptteil des Titels zwar korrekt gespielt, das Intro aber beispielsweise zu laut ist. In der Analogtechnik hätte man das mit den Fadern eines Mischpultes ausgeglichen, die man bei vorhandener Automatisierung dann zum Titel synchronisiert hätte. Auf der digitalen Ebene helfen hier sogenannte Gummiband-Hüllkurven, die beliebig geformt werden können und somit die Lautstärke an jeder Stelle des Tracks unterschiedlich einstellen können.

## Normalisieren

Neben der Lautstärkeeinstellung der Tracks untereinander sollte auch eine absolute Lautstärkeanpassung erfolgen. Die lauteste Stelle auf der CD sollte die Vollaussteuerung erreichen, denn nur so kann der zur Verfügung stehende Dynamikbereich voll ausgenutzt werden. Würden wir das nicht machen, wäre die Musik auf der CD nicht nur leiser, sondern ihr Klang auch schlechter, weil die 16 Bit des CD-Formates nicht vollständig genutzt würden und somit die Auflösung geringer wäre.

Die Funktion, welche die Lautstärke so weit erhöht, dass die lauteste Stelle exakt Vollaussteuerung erreicht, nennt sich Normalize. Der höchste auftretende Pegel wird ermittelt und die Aufnahme so verstärkt, dass dieser auf 0 dB angehoben wird. Das Normalisieren ist eine gute Methode, um für die weiteren Bearbeitungen eine optimale Grundlage zu schaffen.

## Equalizer

Die Notwendigkeit der nachträglichen Bearbeitung mit einem Equalizer erscheint zunächst überflüssig. Klar, mit dem Equalizer lassen sich Frequenzgang einstellen und Fehler korrigieren. Da die dem Masteringstudio angelieferten Produktionen oder die eigenen, fertig gemischten Songs aber bereits das optimale Ergebnis des Recording-Vorgangs darstellen, ist aber davon auszugehen, dass der Frequenzgang bereits stimmt. Warum also soll trotzdem nochmal der Equalizer ran?

Hier geht es ebenfalls darum, dass die Tracks auf der CD zueinander passen müssen. Selbst bei Aufnahmen aus dem gleichen Studio, die vom gleichen Toningenieur gemischt wurden, ergeben sich kleine Abweichungen allein aus der Tatsache, dass die Tracks an verschiedenen Aufnahmetagen produziert wurden. Im Zusammenspiel auf der CD hört man das eventuell, und daher sollte man die Abweichungen ausgleichen. Meistens sind es nur minimale Anhebungen oder Absenkungen, die aber sehr viel bringen.

Während die bisher vorgestellten Funktionen in jeder Software mehr oder weniger ähnlich waren, gibt es beim Equalizer sehr viele verschiedene Formen. Von grafischen über parametrische bis zu exotischen „paragrafischen" existieren die unterschiedlichsten Arten, die sich auch im Klang erheblich unterscheiden. Es ist zudem nicht unbedingt gesagt, dass der persönlich bevorzugte Lieblings-Editor auch den Lieblings-Effekt enthält. Durch die heute in jeder Software enthaltene Plug-In-Schnittstelle können Sie aber dennoch mit Ihrem bevorzugten Editor arbeiten und eventuell weitere benötigte Equalizer sowie weitere Effekte dazukaufen.

## Dynamikbearbeitung

Die als wichtigster Teil des Masterings angesehene Bearbeitung besteht aus den Dynamikeffekten, insbesondere Kompressor und Limiter. Das ist inzwischen so selbstverständlich geworden, dass viele Produktionsstudios auf die Summenkompression ganz verzichten, da sie hinterher im Masteringstudio viel besser vorgenommen werden kann.

Auch wenn Sie Ihre komplette CD zuhause allein erstellen, ist es eine gute Idee, dieses Vorgehen zu übernehmen. Denn zu wenig Kompression können Sie nachher problemlos nachholen, zu viel lässt sich dagegen nie wieder entfernen. Außerdem sind die auf das Mastering spezialisierten Kompressoren, sofern sie einen guten Algorithmus verwenden, für dieses Einsatzgebiet den in Ihrer Recording-Software enthaltenen Pendants in der Regel überlegen.

Aber wozu brauchen wir nun die Dynamikbearbeitung? Den Kompressor als klangformendes Element haben Sie schon bei der Aufnahme eingesetzt. Im Mastering geht es nun darum, den kompletten Mix nochmal zu verdichten, und die Dynamik der einzelnen Tracks so einzustellen, dass sie sich zusammen auf der CD gut anhören. Darüber hinaus gibt es bei den modernen Musikrichtungen noch einen weiteren Grund: Die Maximierung der Lautstärke. Nachdem Sie Ihre Aufnahmen normalisiert haben, lässt sich der Pegel nicht weiter erhöhen. Wenn Sie sich Ihre Tracks in diesem Stadium jedoch im Vergleich mit professionellen Produktionen anhören, dann werden Sie feststellen, dass letztere trotzdem lauter klingen.

Zwar liegt der Grund dafür meist schon im dichteren Arrangement dieser Produktionen, aber ein großer Teil wird auch durch die Dynamikbearbeitung erreicht. Unsere Lautstärkewahrnehmung bezieht sich nämlich auf den Durchschnittspegel der Musik, und daher gilt es, diesen bei konstantem Spitzenpegel anzuheben. Der Kompressor bewirkt genau das in zwei Schritten: Zunächst senkt er den Pegelbereich ab, der über einem bestimmten Schwellwert liegt. Die leiseren Bereiche werden dagegen nicht beeinflusst. Da nun die Spitzenpegel geringer sind, kann man den Pegel des gesamten Tracks um den zuvor reduzierten Betrag anheben. Dadurch werden aber die leiseren Bereiche mit angehoben und sind somit nun lauter als vorher. Mit letztlich gleichem Spitzenpegel ergibt sich ein höherer Durchschnittswert und damit die beabsichtigte Lautstärkeanhebung.

In die gleiche Richtung führt ein zweiter Schritt, nämlich die Bearbeitung mit einem Limiter. Das Musiksignal enthält kurze Pegelspitzen (besonders die Attack-Phasen von perkussiven Klängen), die nicht viel zum Gesamtklang beitragen. Der Limiter schneidet diese Spitzen radikal ab, danach kann das Signal um den frei gewordenen Wert angehoben werden. Eine nochmalige Lautstärkeerhöhung ist die Folge.

**Erste Schritte bei der Mastering-Kompression**

Die notwendigen Einstellungen von Kompressor und Limiter für Ihr CD-Projekt hängen stark vom Musikmaterial ab. Schlagen Sie ruhig nochmal in den vergangenen Folgen Studiowissen nach, und probieren Sie verschiedene Einstellungen aus, um sich mit den Möglichkeiten immer vertrauter zu machen. Damit Sie aber einen groben Anhaltspunkt haben, wie Sie Kompressor und Limiter einstellen können, sollten Sie mit den folgenden Werten beginnen: Stellen Sie die Kompressionsrate auf 2:1 oder 2,5:1 und verringern Sie dann den Threshold-Wert so lange, bis die Gain-Reduction-Anzeige bis -6 dB ausschlägt. Anschließend stellen Sie den Limiter so ein, dass er nochmals ca. 3 dB abfängt. Danach erhöhen Sie den Pegel des Ausgangssignales wieder auf Vollaussteuerung. Wenn Ihr Rechner nicht genügend CPU-Leistung bereit hält, um Kompressor und Limiter auf jedem einzelnen Track gegebenenfalls auch unterschiedlich in Echtzeit einzusetzen und Sie die Effekte daher bereits gleich in das Signal einrechnen müssen, können Sie hinterher statt der manuellen Pegelanhebung auch einfach die Normalize-Funktion benutzen.

Für Kompressoren und Limiter ist die schon beim Equalizer erwähnte Plug-In-Schnittstelle besonders interessant, denn besonders im Dynamikbereich geht die Entwicklung mit großen Schritten voran, und die erreichbare Lautheitserhöhung wird immer größer.

Neben der technischen Notwendigkeit zur Angleichung der einzelnen Tracks auf der CD stellt sich natürlich die Frage, warum man darüber hinaus die

Lautheit weiter erhöhen muss, denn schließlich könnte man doch bei der Wiedergabe der CD einfach den Lautstärkeregler weiter aufdrehen. Wenn man jedoch nacheinander Titel von unterschiedlichen CDs hört, wenn der DJ im Club nacheinander Platten überblendet, oder wenn der eigene Titel im Radio zwischen zwei anderen gespielt wird, dann scheint er schlechter zu klingen, wenn er leiser ist. Folglich will jeder der Lauteste sein, und da alle anderen komprimieren, müssen Sie auch komprimieren. Es gibt sogar musikalische Stilrichtungen, in denen besonders starke Kompression untrennbar mit dem Musikstil verknüpft ist. Alle gitarrenbasierten Richtungen wie beispielsweise Hardrock lassen die Pegelanzeigen fast stillstehen. Aber man muss auch wissen, wann es genug ist: Der rhythmische Techno-Track wirkt nicht mehr, wenn die Kompression keinerlei Impulse übrig lässt.

## Pflicht und Kür

Die bisher vorgestellten Schritte waren alle mehr oder weniger unabdinglich, um eine CD herzustellen, die mit dem mittlerweile gewohnten Standard mithalten kann. Darüber hinaus gibt es aber noch weitere Möglichkeiten der Bearbeitung im Mastering. Die bekannteste ist die bewusste Abweichung von der eisernen Regel, ein einmal digitalisiertes Signal wieder zurück in den Analogbereich zu wandeln. Bekannte Mastering-Ingenieure spielen teilweise Signale über hochwertige D/A-Wandler auf eine analoge Bandmaschine, um nach Ausnutzen des charakteristischen Bandsättigungseffektes das Signal über ebenso hochwertige A/D-Wandler wieder in die digitale Ebene zurückzuholen und damit ein typisch analoges Klangbild zu erhalten.

Mit den im Homerecording-Bereich zur Verfügung stehenden Mitteln ist von einem solchen Vorgehen dringend abzuraten, weil eine starke Verschlechterung der Qualität die Folge wäre. Aber für die Plug-In-Schnittstelle gibt es Effekte, die den Bandsättigungseffekt simulieren und erstaunliche Resultate liefern. Auch virtuelle Röhrenkompressoren und sogar extreme LoFi-Effekte stehen mittlerweile zur Verfügung.

## Restauration

Nicht immer sollen neu produzierte Aufnahmen auf die CD, sondern Sie möchten vielleicht auch „alte Schätzchen" aufnehmen oder Tracks einbinden, die Sie nicht als Datei, sondern nur auf Compact Cassette vorliegen haben. Hier ist oft noch etwas zu retten.

Beispielsweise können Sie mit dem Denoiser Rauschen entfernen. Im Gegensatz zu den als Hardware bekannten, dynamischen Single-Ended Rauschunterdrückungssystemen, die mit einem Downward-Expander und einem dynamischen Filter arbeiten, beruht das Konzept der in den DAW-Programmen enthaltenen oder als Plug-In einzubindenden Denoiser auf der Fingerprint-Methode. Typische Rausch-Spektren sind der Software bekannt und werden auch dann gut entfernt, wenn das Nutzsignal Anteile in denselben Frequenzbändern enthält. Besonders gute Denoiser können darüber hinaus spezifisch arbeiten: Vor der Bearbeitung ist eine Stelle zu markieren, die das Rauschen isoliert enthält. Daraus wird ein Noise Sample errechnet. Zur endgültigen Bearbeitung stehen dann verschiedene Algorithmen zur Verfügung, weiterhin gibt es oft stufenlos einstellbare Dämpfungs-Regler. Um einerseits effizient zu entrauschen, andererseits aber Artefakte zu vermeiden, sollten Sie verschiedene Einstellungen ausprobieren, die sehr stark von der Art der Störung und der Beschaffenheit des Originalmaterials abhängen. Für Störtöne oder verschiedene Arten von Breitbandrauschen sind manchmal Voreinstellungen vorhanden. Lässt sich das Rauschen nicht weit genug absenken, ohne dass Artefakte auftreten, dann hilft es oft, eine nicht so radikale Einstellung zweimal nacheinander anzuwenden.

Die Anwendung eines Denoisers kann auch bei Material sinnvoll sein, das auf den ersten Blick gar nicht verrauscht ist. Denn durch Anwendung der Dynamikeffekte zur Lautstärkemaximierung wird auch das Rauschen angehoben, welches sich hier zum Teil wieder entfernen lässt. Aber auch von einem wirklich guten Denoiser sollten Sie keine Wunder erwarten: Ab einem bestimmten Grad der Entrauschung treten immer Artefakte auf, und manchmal ist es der bessere Weg, das Rauschen in einem geringen Maße zu dulden.

Sind es hingegen Übersteuerungen, die Ihr Signal verunstalten, hilft Ihnen der Declipper. Mit Einstellungen von Anzahl und Pegel der übersteuerten Samples können Sie den Declipper auf das Clipping-Verhalten einstellen. Besonders die Pegeleinstellung ist sehr wichtig, da die Aufnahmen einiger alter DAT-Recorder auch im Clipping-Fall nie digitalen Vollpegel erreichen. Hier kann man mit einer Einstellung von -0,5 dB Abhilfe schaffen. Auch Einstellungen von z.B. -6dB können sinnvoll sein, wenn analog angezerrtes Material ausgebessert werden soll.

## Aufnahmen von Schallplatten

Ist die einzige Quelle Ihres Materials eine Schallplatte, so benötigen Sie neben dem Denoiser zwei weitere Tools. Der Decrackler beseitigt die typische Vielzahl leiser Knackser, die zusammen auch wieder eine Art Teppich bilden. Da ihr Klang so typisch ist, kennen die Algorithmen die herauszurechnenden Anteile ab Werk schon so gut, dass nur wenige Bedienelemente nötig sind, um gute Ergebnisse zu erzielen. Allerdings schießt man bei der Kombination aus Denoiser und Decrackler schon gern einmal übers Ziel hinaus, sodass ein Vergleich mit dem Original-Signal regelmäßig erfolgen sollte. Noch besser ist die besonders bei professionellen Plug-Ins vorhandene Möglichkeit, nur den entfernten Anteil des Signals anhören zu können. Ist hier nicht nur Rauschen und Knacksen, sondern auch Musik zu hören, sollte man seine Einstellungen nochmal überdenken.

Zusätzlich zu Rauschen und Crackles gibt es bei Schallplatten immer auch einzelne, lautere Knackser. Die Restaurations-Programme halten hierfür einen Declicker vor, dessen Algorithmus besonders auf solche Störungen ausgelegt ist. Manchmal führt aber Handarbeit auch zum Ziel: Bei einigen Programmen lässt sich die Wellenform mit einem Stift-Werkzeug zeichnen. Mit etwas Erfahrung klingt das Übermalen des Knacksers durch eine passend aussehende Wellenform besser als der Vorschlag der Automatik.

Nicht vergessen sollten Sie bei der Aufnahme von Schallplatten den Plattenspieler selbst. Ist dieser nicht optimal eingestellt, verschenken Sie einen großen Teil der Klangqualität, die sie auch mit den besten Nachbearbeitungs-Werkzeugen nicht zurückholen können. Also sollten Sie sich entweder mit den Zusammenhängen um Auflage-Gewicht, Antiskating und Geometrie des Tonabnehmers beschäftigen, oder aber den Plattenspieler einem Fachmann zum Einstellen geben, der sich mit so etwas noch auskennt.

## Dramaturgische Tipps

Neben der tontechnischen Bearbeitung darf man die Wichtigkeit der gewählten Titelreihenfolge nicht unterschätzen. Obwohl von CDs manchmal nur einzelne Titel gehört, im Radio gespielt oder von DJs zu einem Live-Mix verarbeitet werden, dürfte der häufigste Fall doch das Hören der CD vom Anfang bis zum Ende sein. Bei einer Zusammenstellung von Titeln verschiedener Interpreten (Sampler, Compilation) muss darauf geachtet werden, dass die CD einerseits abwechslungsreich und andererseits gut durchhörbar ist. Von

**Ambience im Mastering**

Eine typische Mastering-Bearbeitung ist das Auffrischen des Klanges einer fertigen Produktion mit einem als Ambience bezeichneten Effekt. Im Profi-Studio wird hierzu das Signal über ein Digital-Interface ausgespielt, in einem externen Hallprozessor mit einem sehr kurzen Algorithmus bearbeitet und danach wieder digital in den Rechner überspielt. Das Ergebnis ist nicht etwa ein hörbarer Hall, sondern ein leicht erweiterter Raumeindruck des Signals und vor allem eine besondere Färbung des Klanges. Dies war bis vor kurzem im Homerecording-Bereich fast unmöglich, da man sein Signal nur allzu leicht verschlechtert. Seit aber der Faltungshall Einzug in viele Recording-Systeme hielt, sind neben den Impulsantworten realer Räume auch immer häufiger die legendären Algorithmen bekannter Hallklassiker verfügbar.

einem Track zum nächsten sollten also keine allzu krassen Sprünge in der Stilrichtung sein, und das Ende des vorangehenden Titels sollte so weit wie möglich mit dem Anfang der folgenden in einem sinnvollen Verhältnis stehen - was natürlich auch mal durch einen Gegensatz aufgefrischt werden kann. Insgesamt sollte, ähnlich wie innerhalb eines Titels, auch innerhalb der CD eine Art Spannungsbogen festzustellen sein.

Bei einer CD einer Gruppe oder eines Interpreten (Album, LP) wird die Notwendigkeit des Spannungsbogens noch stärker, außerdem soll hier in der Regel die CD im gesamten Zusammenhang eine Aussage beeinhalten. Dazu kommen taktische Gesichtspunkte, die hier einmal am Beispiel der Platzierung der Single innerhalb der LP verdeutlicht werden sollen: Nach alter Popkultur gehört die Single auf Track 2. Zuerst ein Aufwärmer, und dann geht's los. Wenn die Single hingegen ohnehin schon sehr bekannt ist, kann man sie aber auch als letzten Track bringen. Da steigert sich dann die Spannung durch die ganze LP hindurch bis zum abschließenden Höhepunkt. In eher Dance-orientierten Produktionen kann die Single hingegen auch sinnvoll als erster Track gebracht werden, weil dieser besonders gern von den DJs gespielt wird.

## Der Brennvorgang

Vollständige Red-Book-Kompatibilität bedeutet auch, dass die CD nicht im Track-at-Once-, sondern im Disk-at-Once-Verfahren geschrieben wird. Das heißt, dass der Schreib-/Lesekopf auch zwischen den Titeln nicht abgesetzt werden darf. Diese Möglichkeit bietet inzwischen jeder handelsübliche Brenner, dennoch ist es interessant zu wissen, dass es sich hier nicht nur um ein Feature der Programme, sondern um ein Leistungsmerkmal der Hardware handelt. Hierzu gehört beispielsweise auch die Fähigkeit des Setzens von Subindizes, das Schreiben von ISRC- und UPC/EAN-Codes, SCMS-Kopierschutz und Pre-Emphasis.

Aber selbst wenn der Brenner alles kann, was Sie benötigen, heißt das noch lange nicht, dass er auch mit dem von Ihnen gewählten Programm problemlos zusammenarbeitet. Nicht nur das gewählte Modell, sondern sogar unterschiedliche Firmwarestände können da wichtig sein. Zwar hat sich in den vergangenen Jahren viel getan und die meisten Programme arbeiten mit fast allen Brenner, wenn Sie aber professionell arbeiten wollen und eventuell mit Ihrem Mastering auch Verantwortung für eine große Anzahl gepresster CDs übernehmen müssen, sollten Sie also vor dem Kauf Ihres Brenners unbedingt in der Liste der empfohlenen Geräte nachschauen, die von jedem Software-Hersteller erhältlich ist.

## Das Medium CD-R

Durch die weite Verbreitung von CD-Brennern im EDV-Bereich stieg der Bedarf an CD-R Medien vor einigen Jahren stark an und führte zu sinkenden Preisen und extremer Massenproduktion.

Allerdings sollten Sie Ihre Medien sorgfältig auswählen, nicht alle sind gleich gut geeignet. Während sich bei einer herkömmlichen CD die Datenstruktur aufgrund des bei der Herstellung angewandten Spritzgussverfahrens direkt im Kunststoffträger befindet, enthält die CD-R einen lichtempfindlichen, organischen Farbstoff, in den beim Schreibvorgang mittels eines starken Laserstrahles die Oberflächenstruktur eingebrannt wird.

Somit beruht auch der Lesevorgang bei anschließender Wiedergabe mit einem CD-Player auf einem etwas anderen physikalischen Prinzip. Nur leichte Abweichungen in der Dicke der CD oder der Lage der Farbschicht können dazu führen, dass die CD trotz fehlerfreien Schreibens nicht gelesen werden kann. Da die Anforderungen an Daten-CDs und Audio-CDs etwas anders sind (beispielsweise wird eine Audio-CD stets in Single-Speed abgespielt, eine Daten-CD jedoch mit über fünfzigfacher Geschwindigkeit), stellen sich die im EDV-Bereich als besonders hochwertig angesehenen Medien oft als eher schlechte Wahl für Audio-Zwecke heraus. Während die Daten-Fraktion auf die goldenen CDs schwört, bevorzugen die Audio-Anwender eher die grünen bzw. blauen. Das ist alles schwarze Magie, meinen Sie? Nun, immerhin gibt es Hersteller, die spezielle Produkte für Audio-Premastering anbieten, manchmal auch mit einer besonders stabilen Keramik-Oberfläche.

Unabhängig vom Typ des Mediums zeigt sich, dass bestimmte Brenner bestimmte Medien bevorzugen. Es ist also eine gute Idee, sich nach der Empfehlung des Herstellers zu richten. Und die Erfahrungen diverser Mastering-Studios mit Vorab-CDs, die dann ausgerechnet auf den Playern der Kunden nicht liefen, möchten wir Ihnen hier auch nicht verschweigen.

## Beliebte Red-Book-Fehler

Kompatibilität zum Red Book und zu den CD-Playern all derer, die das Ergebnis unserer Mastering-Arbeit später hören sollen, wird meistens bereits durch die heutige Technik als gegeben eingestuft. Im Prinzip stimmt das auch, jedoch gibt es zwei häufige Probleme, die durch den Anwender entstehen. Das erste ist die falsche Nutzung des Pause-Index. Da der Zeitzähler des wiedergebenden Players in der Art eines Countdowns bis zum Start des nächsten Tracks rückwärts läuft, benutzen viele Anwender den Pause-Index, um genau dieses Verhalten auszulösen. Jedoch dient der Index zum Auslösen der Mute-Funktions des Ausgangs des CD-Players, und ältere Player, die diese Funktion noch besitzen, schalten dann eventuell das Publikums-Geräusch des Klassik-Konzerts einfach abrupt weg, während das eigene zum Testhören eingesetzte Gerät kein Problem zeigt, da es wie die meisten aktuellen Player diese Funktion nicht mehr unterstützt.

Der zweite Fehler ergibt sich durch zu extremen Einsatz von Limitern und Soft Clippern. Das Red Book erlaubt nämlich nicht mehr als drei voll ausgesteuerte Samples in Folge, und manche ältere Player schalten den Ausgang bei spätestens sechs Samples dann auch ab, um Gleichspannung am Ausgang zu verhindern Wer seinen Finalizer bis zur gerade noch erträglichen Zerrgrenze aufreißt, kommt mit bis zu 20 voll ausgesteuerten Samples schon mal in die Bredrouille. Hartgesottene Mastering-Ingenieure machen das dann aber trotzdem und ziehen hinterher zwischen 0,3 und 0,5 dB vom Gesamtpegel ab. Kaum wahrnehmbar, aber effektiv: Voll ausgesteuerte Samples gibt es dann nicht mehr. Übrigens würde es auch ein Abzug von nur 0,1 dB tun, aber manch betagter Player hat den Arbeitspunkt seines Analogteils durch Alterung der Bauteile schon etwas verschoben, und das kann man dann gleich mit berücksichtigen.

**Red-Book**

Das Red Book ist die „Bibel“ der Audio-CD. Hier stehen bis ins kleinste Detail alle Spezifikationen. Also beispielsweise, in welcher Form die Audiodaten auf der CD gespeichert werden müssen, wo das Inhaltsverzeichnis (TOC) abgelegt werden muss oder wie die Timecode-Informationen zu behandeln sind. Nicht nur die Hersteller der CDs, sondern auch die der Wiedergabegeräte richten sich nach diesem Standard.

Wenn eine CD-R nun nicht alle Anforderungen des Red Book erfüllt, kann sie trotzdem auf einem CD-Player laufen. Allerdings weiß man nie, ob ein anderer Player nicht gerade aufgrund einer nicht erfüllten Anforderung Probleme bekommt und die Wiedergabe verweigert. Die Sicherheit, dass die CD auf allen Playern läuft, ist daher nur bei vollständiger Red-Book-Kompatibilität gegeben.

Die wichtigsten Anforderungen sind sicher der Disk-at-Once-Modus und die Anforderungen an die Fehlerrate. Es darf kein sogenannter E32-Fehler vorkommen, und die Blockfehlerrate (BLER) muss unter 220 bleiben. Diese Werte sind bei sorgfältiger Arbeitsweise aber leicht zu erreichen (gute CDs haben eine BLER von 20) und dürften in der Praxis keine Probleme darstellen.

**Masteringstudio oder Do-It-Yourself?**

Wenn die CD nach dem Brennen ins Presswerk zur Vervielfältigung gehen soll und daher eine möglichst gute Qualität gefragt ist, steht man vor der Qual der Wahl: Selbermachen oder ins Masteringstudio?

Wenn die notwendige Hardware erst angeschafft werden muss, lassen sich für das Geld schon recht viele CDs beim Dienstleister mastern. Zwar werden über das Grundprogramm hinausgehende Arbeiten je nach Studio und Art der Bearbeitung mit recht hohen Stundensätzen abgerechnet, aber für den gezahlten Preis gibt es eine ganze Menge mehr Qualität. Denn um die oft filigranen Eingriffe im Mastering überhaupt richtig hören zu können, bedarf es einer guten und teuren Abhöranlage. Und damit diese wiederum ihren Klang entfalten kann, benötigt man einen akustisch optimierten Raum. All das kann man zuhause kaum realisieren, im Masteringstudio ist es aber selbstverständlich. Zusätzlich profitiert man noch von der Erfahrung des Toningenieurs, die im Mastering ohnehin das Wichtigste ist. Denn damit Sie im Presswerk hinterher keine bösen Überraschungen erleben, ist doch eine Menge Know-How notwendig - ganz abgesehen von der Verantwortung. Schließlich wird in diesem letzten Schritt einer Audioproduktion über den Klang einer eventuell gewaltigen Stückzahl CDs entschieden, die vom Premaster hergestellt werden und die danach nicht mehr zu ändern sind. Auch die Technik ist im Masteringstudio einfach besser, und wenn Sie selbst seit mehreren Wochen an einer Produktion arbeiten, gewöhnen Sie sich leicht an Eigenarten der Musik, die der Mastering-Ingenieur als unabhängiger Hörer sofort als störend erkennt.

# 16. Produktion für datenreduzierte Audioformate

Ein sehr großer Teil der Musikwiedergabe erfolgt heute gar nicht mehr von der CD, sondern der Konsument konvertiert die Songs ins MP3-Format, um sie zum Beispiel im Auto zu hören. Einen entscheidenden Vorteil haben Sie, wenn Sie ihre Musik auch online verbreiten wollen: Dann wissen Sie schon vorher, dass Sie ihre Musik auch ins MP3-Format konvertieren werden. Noch extremer verhält es sich, wenn Sie Musik für Internet-Anwendungen oder Streaming Media produzieren, denn diese wird ausschließlich in stark datenreduzierter Form übertragen. Das können und sollten Sie bei der Produktion bereits berücksichtigen.

## Im Prinzip nichts Neues

Lassen wir die Geschichte der Musikproduktion einmal Revue passieren, sind verlustbehaftete Audioformate nicht etwa die Ausnahme, sondern die Regel. Noch heute hat der FM-Rundfunk einen eingeschränkten Frequenzbereich und keinen allzu großen Dynamikumfang. Vor Einführung der CD waren neben der Schallplatte auch bespielte MusiCassetten üblich, die sehr deutlich hörbare Qualitätseinbußen mit sich brachten. Aber auch die Schallplatte selbst war in Dynamik, Phasenlage, Höhen- und Tiefenfrequenzgang begrenzt, wobei diese Parameter auch noch je nach benötigter Spielzeit und Position des Songs auf der Platte (!) variierten.

Sogar die Audio-CD als anerkannt hochwertiges Medium stellt aus Sicht einer Produktion in einem hochauflösenden Audioformat mit beispielsweise 24 Bit und 96 kHz eine Einschränkung der Qualität dar. Ähnlich verhält es sich nun, wenn ein datenreduziertes Format das Ziel ist. Bei richtigem Vorgehen können auch diese Formate eine erstaunliche Qualität bieten. Als Grundregel gilt: Die Datenreduktion sollte der letzte Schritt in der Produktionskette sein.

**Der letzte Schritt**

Um eine möglichst hohe Qualität im Zielformat zu erhalten, sollte die bestmögliche Qualität bis zum allerletzten Produktionsschritt beibehalten werden. Das gilt selbst dann, wenn eine Audio-CD das Zielformat ist. Denn zum Abschluss jeder Produktion wird nochmal komprimiert und limitiert, wobei nach Abkappen der Dynamikspitzen (blaue Kurve) der gesamte Pegel soweit angehoben werden kann, dass wieder Vollaussteuerung erreicht wird (grüne Kurve). Dabei aber gelangen Informationen der unteren 8 Bit des 24-Bit-Formats in den nutzbaren Dynamikumfang der CD. Hätte man zuvor schon im CD-Format gearbeitet, wäre dagegen Quantisierungsrauschen in diesen Bereich gehoben worden. Die Vorteile eines besseren Audioformats in der Produktion sind also durchaus auch dann hörbar, wenn später ein verlustbehaftetes Zielformat gewählt wird.

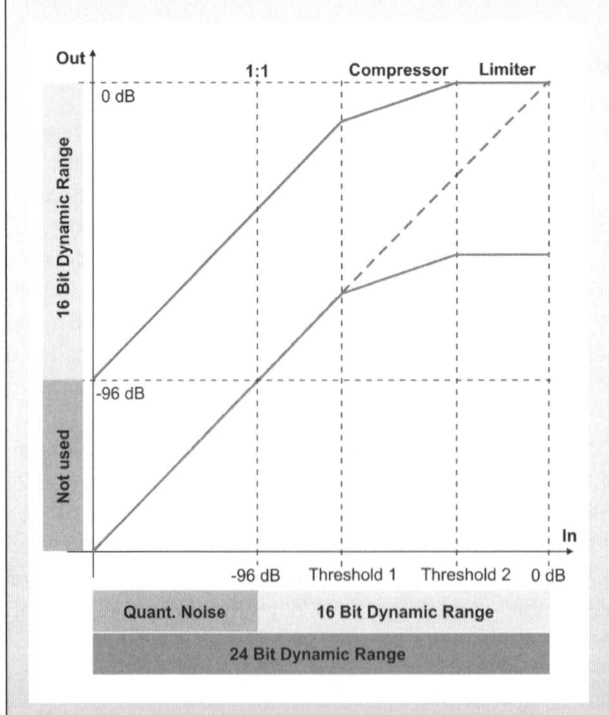


**Wortbreitenreduktion mit Kompressor und Limiter als letzter Schritt einer CD-Produktion**

## Encoding

Bevor wir weitere Möglichkeiten betrachten, eine Produktion möglichst gut an das gewünschte Zielformat anzupassen, gibt es etwas viel Profaneres zu betrachten, nämlich die Wahl des Encoders selbst. In der Spezifikation der MPEG-Formate ist immer nur der Decoder beschrieben, um Möglichkeiten für Weiterentwicklungen der Encoder zu bieten. Entsprechend sind die Unterschiede zwischen einzelnen Anbietern. Und nicht immer ist der bestmögliche Encoder in die Recording-Software integriert, weil die Firmen für die Nutzung Lizenzgebühren bezahlen müssen. Die anerkannt besten Encoder kommen vom Fraunhofer-Institut. Aber Vorsicht: Nicht überall, wo Fraunhofer draufsteht, ist auch der ersehnte Encoder drin: Die Technik ist nämlich über Jahrzehnte fortgeschritten, und frühe Entwicklungsstufen klingen bei weitem nicht so gut wie die aktuelle Version. Besonders die sehr preiswerten oder gar kostenlosen Angebote, die man im Internet findet, enthalten aber in der Regel eine veraltete Entwicklungsstufe und sind zudem nicht immer legal.

**Achtung Falle**

Da die Entscheidung, welche Signalanteile bei der Datenreduktion weggelassen werden können, vom Encoder anhand eines psychoakustischen Modells erfolgt, darf man dessen Analyse nicht durch spätere Nachbearbeitung des bereits im MP3-Format befindlichen Audiomaterials ad absurdum führen. Der Fehler bei mehrfachem Encoding und Decoding ist zudem kumulativ, wodurch sich die Qualität immer weiter verschlechtert.

Damit ist die Anwendung datenreduzierter Formate für Zwischenstufen im Produktionsprozess tabu: Werden beispielsweise Einzelspuren von einem Studio zu einem anderen geschickt, um dort gemischt zu werden, sollte keinesfalls das MP3-Format verwendet werden.

Neben dem klanglichen Aspekt kann auch die beim Encoding angewandte zeitliche Abschnittsbildung zum Problem werden, da sich winzige Abweichungen im Timing ergeben. Diese sind an sich zwar nicht hörbar, aber wenn separat encodierte Einzelspuren nach der Rekonstruktion wieder übereinander gelegt werden, kann es passieren, dass der Groove plötzlich wackelt. Auch beim Anlegen einer Audiospur an ein Video kann es Probleme mit der Synchronität durch verschobene Frames geben.

**Checkliste für eine MP3-tolerante Produktion**

- Vermeidung akustischer Verdeckung im Zweifel etwas übertreiben
- Staffelung des Arrangements im Frequenzbereich
- konsequenter Equalizer-Einsatz
- Anordnung wichtiger Informationen im oberen Aussteuerungsbereich
- unwichtige, leise Anteile gleich freiwillig weglassen
- hochwertige Kompressoren und Equalizer in jedem Einzelkanal

## Vorkompensation

Auch für datenreduzierte Formate gilt, dass produktionsseitig eine wesentlich höhere Qualität nicht nur sinnvoll ist, sondern wirklich benötigt wird. Das gilt nicht nur für den Aspekt der reinen Audioqualität, sondern für die gesamte Produktion. Beispielsweise ist ein guter Hall-Algorithmus von einem schlechten auch bei übelster Wiedergabequalität zu unterscheiden, denn hier kommt es nicht nur auf die Audioqualität, sondern ganz entscheidend auch auf den Algorithmus an. Denken Sie also niemals, Sie müssten sich weniger Mühe geben, weil Sie Ihren Song sowieso nur im MP3-Format anbieten wollen.

Es geht aber noch weiter: Wir wissen, dass in der Analyse-Stufe des Encoders ein psychoakustisches Modell herangezogen wird, damit der Encoder entscheiden kann, was er weglassen soll. Machen wir es ihm doch leichter und greifen ihm unter die Arme! Schon beim Mixdown der Einzelspuren können wir nämlich Signalanteile weglassen, die später sowieso nicht hörbar sind. Als Beispiel sei eine Akustik-Gitarre genannt, deren Tiefmittenbereich nur hörbar ist, wenn die Spur auf Solo geschaltet ist, im Mix aber untergeht. Konsequentes Ausfiltern ist hier die Lösung. Unabhängig vom Zielformat unserer Produktion wird der Klang dadurch wesentlich besser und luftiger, weshalb ein solches Vorgehen ohnehin bei jedem Mixdown erfolgen sollte. Bei datenreduzierten Zielformaten ist die Vermeidung akustischer Verdeckungen aber noch viel wichtiger, weil der Algorithmus des Encoders genau hier ansetzt und besonders bei stärkeren Reduktionsfaktoren das Material dann auch im hörbaren Bereich angreift. Eine gute Produktion hingegen macht erstaunliche Raten mit und klingt hinterher immer noch gut.

## Vorbereitung auf dynamische Reduktionsverfahren

Intelligente Streaming-Verbindungen, beispielsweise beim Webcasting, verwenden je nach Anschlusstechnik und aktuell möglicher Bandbreite wechselnde Datenraten. Ein und dieselbe Produktion kann damit unvorhersehbar als Direktverbindung mit Datenraten von über 300 kbps oder im überlasteten WLAN mit der Geschwindigkeit eines alten 28k8-Modems übertragen werden. Hier sind dann radikale Beschneidungen des Frequenzgangs und der Amplitudenauflösung zu erwarten.

So etwas kann in einer Produktion ebenfalls berücksichtigt werden, wenn man bereit ist, einen zusätzlichen Mix nur für diese Anwendung anzulegen. So können Sie beispielsweise obertonreiche Instrumente wie HiHat oder Becken mit einem Tiefpassfilter bearbeiten und dieses etwas weiter schließen, als Sie es aus dem Gefühl heraus täten. Die fehlenden Obertöne lassen sich dann mit einem Exciter durch solche niedriger Ordnung ersetzen. Als Resultat erhalten Sie einen zwar veränderten, aber gemessen an der oberen Grenzfrequenz erstaunlich höhenreichen und gegenüber nachfolgender Datenreduktion äußerst toleranten Klang.

## Abhörsituation beim Konsumenten

Obwohl der Computer inzwischen auch als Medienzentrale im heimischen Wohnzimmer genutzt wird und dazu an die Stereoanlage angeschlossen ist, ist die Audio-CD oder der Ton des DVD-Players noch immer die am häufigsten anzutreffende Situation für die Wiedergabe von Musik zuhause. Wer eine MP3-Datei herstellt, kann folglich mit einer hohen Wahrscheinlichkeit davon ausgehen, dass die Wiedergabe-Anlage nur von mittlerer, wenn nicht sogar von schlechter Qualität ist. Auch das akustische Umfeld ist meist nicht optimal.

Am Computer sind nämlich winzige Multimedia-Lautsprecher die Regel. Im Auto per USB-Stick abgespielte Musik wird zwar oft über erstaunlich gute Car-HiFi-Anlagen wiedergegeben, trifft dann aber auf Motorengeräusche des eigenen Autos und auf den Verkehrslärm von draußen. Die Frequenzgänge der In-Ear-Kopfhörer an mobilen MP3-Playern, die beispielsweise für Musikuntermalung beim Joggen sorgen sollen, haben nicht nur einen wenig linearen Frequenzgang, sondern auch mit dem Problem akustischer Verdeckung durch die Atem- und Bewegungsgeräusche des Joggers selbst zu kämpfen, dessen Hörwahrnehmung sich zudem durch die Anstrengung nochmals verschiebt.

Selbst bei hohen Reduktionsraten ist daher die Verschlechterung der Audioqualität nicht nur in der Reduktion selbst zu suchen, sondern die weitere Verschlechterung durch eine nicht optimale Wiedergabesituation kommt nochmals dazu. Ärgerlicher Weise setzen die beiden Komponenten der qualitativen Beeinflussung auch noch von zwei verschiedenen Seiten an. Der Frequenzgang wird bei kleiner werdender Datenrate nämlich von oben her begrenzt, die Auswirkungen kleine Lautsprecher oder die Verdeckung durch Motoren- und Verkehrsgeräusche beeinflussen die Bandbreite aber hauptsächlich im Bassbereich. Und dieses Problem wiegt gleich doppelt schwer, da die Bassfrequenzen dann einerseits im Klangbild fehlen, aber die Lautsprecher dennoch belasten. Wenn der Lautsprecher so klein ist, dass er die Frequenzen gar nicht wiedergeben kann, bewirkt die Belastung mit Bass-Frequenzen zudem, dass auch das restliche Spektrum nicht mehr sauber abgebildet werden kann.

## Wir brauchen Bass

Auch wer sich bislang nicht so intensiv mit den technischen Zusammenhängen beschäftigt hat, weiß es aus seiner Hörerfahrung: Am Computer, beim Kopfhörer oder im Auto wird mehr Bass benötigt! Diese Weisheit ist bei den Anhängern einiger Musikstile inzwischen so verbreitet, dass es sogar Songs über dieses Thema gibt (sicher, Digger!) und sich beim Auto und im Computer-Bereich ein ganzer Industriezweig um das Marketing immer größerer Subwoofer kümmert. Allerdings ist so etwas bei weitem nicht in jedem Auto vorzufinden, und beim Joggen wird man auch keinen Kasten in der gefühlten Größe eines Kühlschrank mitschleppen wollen.

Irgendwie muss der Bass also in die MP3-Datei, zumal wir ja davon ausgehen können, dass diese mit sehr hoher Wahrscheinlichkeit auf eine der beschriebenen Abhörsituationen treffen wird. Die Lösung, wie wir den Bass in die Musik bekommen, überrascht jedoch. Weniger ist hier nämlich mehr, denn besonders am Beispiel der kleinen Wiedergabe-Lautsprecher ist zu erkennen, dass weitere Anhebungen, beispielsweise per Equalizer, das Problem nur noch schlimmer machen können.

Wählt man hingegen bereits bei der Produktion Bass-Sounds mit hohem Obertonanteil oder erzeugt Obertöne mit einem Exciter oder Verzerrer und mischt diese gut hörbar ab, dann kann man im folgenden Schritt mit einem Bass Cut Filter (das nichts anderes ist als ein Hochpass) die tiefsten Frequenzen ruhig ausfiltern Anhand der Obertöne erkennt das Hörzentrum im Gehirn den tiefen Bass dann trotzdem. Probieren Sie es einmal aus. Es klingt in der Beschreibung unglaublich, funktioniert aber ganz prima.

Wie bei allen anderen Dingen auch darf man aber des Guten nicht zu viel tun. Besonders die nachträglich zugefügten Obertöne verändern ab einem bestimmten Pegel den Klang zu stark, sodass Ihnen das Ergebnis nicht mehr gefallen wird. Übrigens gibt es seit einiger Zeit sogar spezielle Plugins für die Nutzung dieses Effekts, beispielsweise Maxxbass von Waves

**Residuumhören**

Das Phänomen des Residuumhörens, häufig auch als Missing Fundamental Effect bezeichnet, ist in der Akustik schon sehr lange bekannt. Die Nutzung für die Tontechnik dagegen ist noch keine 20 Jahre alt.

Entdeckt wurde dieser Effekt, weil die tiefsten Lagen eines Kontrabasses auch in sehr kleinen Konzertsälen hörbar sind, dies aufgrund der Raummoden aber eigentlich gar nicht möglich ist. Der Grund: Das Gehirn erzeugt die Wahrnehmung ausschließlich aus den Obertönen, der fehlende Grundton wird entsprechend errechnet. Wer dies einmal weiß, kann es auch leicht erklären: Eine Verwechslung mit einem Signal, dessen Grundton der tiefsten tatsächlich hörbaren Frequenz entspricht, ist ausgeschlossen. Wäre nämlich die tiefste hörbare Frequenz beispielsweise die erste Harmonische, so würden die restlichen Obertöne eine andere Struktur aufweisen.

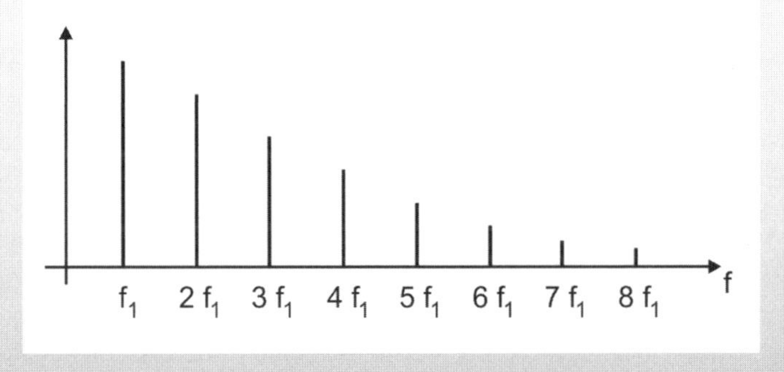

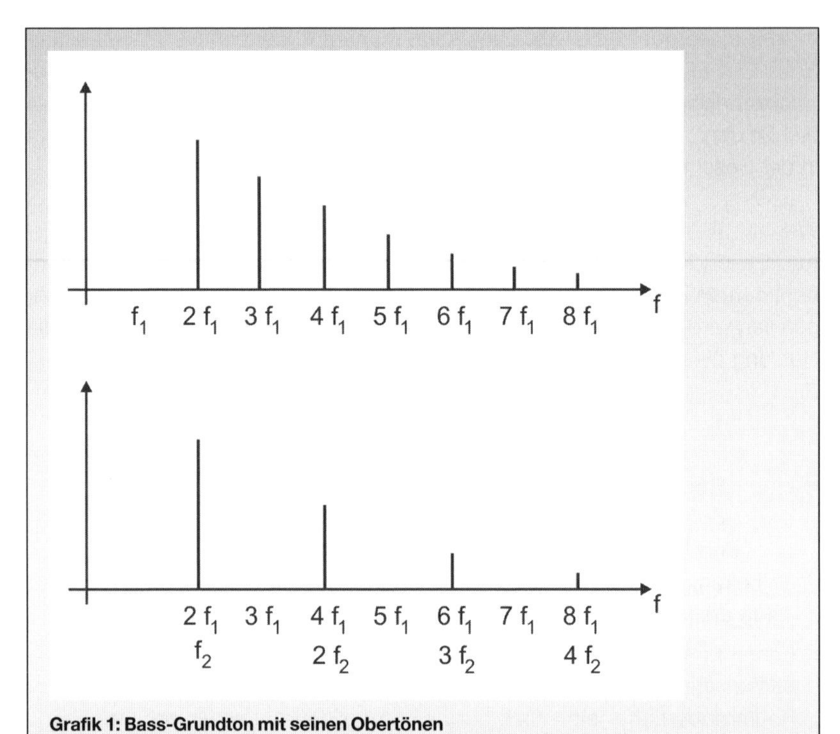


**Grafik 1: Bass-Grundton mit seinen Obertönen**
**Grafik 2: Fehlender Grundton, hörbare Obertöne**
**Grafik 3: Wäre die erste Harmonische der Grundton, sähe die Obertonstruktur so aus.**

Diese Erkenntnis können wir uns nun zunutze machen, indem wir durch künstliche Obertonerzeugung und darauf folgendes Ausfiltern des Grundtons eine Residuum-Situation gewollt herbeiführen. Die für die Wiedergabe mindestens benötigte, untere Grenzfrequenz wird dadurch nach oben verschoben.

## Zurück zum Handwerk

Signalveränderungen durch verlustbehaftete Übertragungsstrecken gab es schon immer. Über den FM-Rundfunk mit einer oberen Grenzfrequenz von 15 kHz sprachen wir schon, aber Omas Küchenradio hatte genau wie heute der Computer einen schlechten Lautsprecher, der keine Bässe wiedergeben konnte.

Bei Club-Produktion mit hohen Tiefbass-Anteilen gab es ebenfalls schon immer das Problem mit dem Bass, weil ganz einfach die Nadel nicht aus der Rille der Vinyl-Platte springen sollte. Also musste für besonderen Druck im Club auch schon die Trickkiste geöffnet werden. Die Restriktionen heutiger datenreduzierter Formate sind bei genauer Betrachtung sehr ähnlich.

Es war wohl eher nur eine kurze Epoche in der Tontechnik, in der man ohne weitere Gedanken alles aufnehmen konnte, was durch das Mischpult kommt. Was wir heute tun müssen, ist tatsächlich einfach nur das, was frühere Toningenieure auch schon gemacht haben. So war es früher zum Beispiel absolut üblich, einen zweiten leiseren, etwas höheren Bass mitlaufen zu lassen, der bei Fullrange-Wiedergabe nicht weiter störend auffällt. Bei der Wiedergabe über kleine Lautsprecher übernimmt er aber Rolle des Tiefbasses. Und schon immer zeichnete sich eine gute Produktion dadurch aus, dass sie auf allen Anlagen brauchbar klingt und nicht nur auf HighEnd-Systemen abspielbar ist. Wir müssen also einfach nur wieder umdenken.

# 17. Der Ton zum Video

Immer öfter werden Tonschaffende mit dem Audio-Teil eines Videos betraut, denn der auf den Bildbereich spezialisierte Kreative holt sich gern Unterstützung aus der Audio-Fraktion. Viele Musiker trauen sich auch an ein eigenes Video heran, um ihre Band zu präsentieren. Was im Profi-Bereich begann, hat längst auch Einzug in die Home-Studios der Hobby-Musiker gehalten: Seit YouTube & Co. wachsen Bild und Ton immer mehr zusammen.

## Tonspuren

Heutige Videoschnitt-Programme ähneln Audio-Sequencern so sehr, dass die Arbeitsschritte fast identisch sind. Wie der Ton auf die Spuren kommt, muss daher an dieser Stelle nicht mehr erklärt werden. Einzig der Kameraton stellt eine Besonderheit dar, denn dieser ist in den Videodateien bereits enthalten. Für eine sinnvolle Arbeitsweise sollte eine Bildschirm-Ansicht eingestellt werden, bei der der Ton dennoch wie eine separate Spur dargestellt wird, um die Wellenform sehen zu können. Über die Audio-Eingänge aufgenommenes oder von Ton- oder Datenträgern übertragenes, zusätzliches Audiomaterial liegt ohnehin auf separaten Tonspuren vor.

## Synchronisation

Der mit der Kamera aufgenommene Ton ist immer synchron zum Bild. Werden die Spuren gemeinsam geschnitten und Bild und Ton immer als Gruppe gemeinsam verschoben, bleibt das beim Schnitt auch so. Wird im Video Musik dargestellt, also beispielsweise der Live-Auftritt einer Band, so muss der Synchronisation aber weitere Aufmerksamkeit geschenkt werden. Beim Hin- und Herschneiden zwischen den Aufnahmen zweier Kameras müssen auch deren Signale synchron sein, und wenn statt des Kameratons die Musik mit der besser klingenden Studio-Aufnahme erklingen soll, muss auch diese Audiospur exakt im richtigen Timing sein.

Daher sollten Sie die Tonaufnahmen der Kameras niemals löschen – auch dann nicht, wenn das Video später lediglich den CD-Ton enthalten soll. Das Tonsignal lässt sich nämlich hervorragend für die Synchronisation nutzen.

Zoomen Sie in die Wellenformdarstellung hinein, suchen Sie die gleichen Bereiche und schieben Sie sie übereinander. Wenn Bild- und Tonspur jedes einzelnen Clips miteinander verbunden sind, schieben sich dann auch die Bilder von selbst an die richtige Position.

**Live-Aufnahmen mit Studio-Ton**

Legen Sie Videoaufnahmen von Live-Auftritten an den Ton der Studioproduktion an, wird das Positionieren anhand der Audio-Wellenform aufgrund von Tempo-Abweichungen nicht immer gut funktionieren. Suchen Sie sich dann markante Bereiche im Bild, beispielsweise den auf die Snare auftreffenden Drumstick. Wenn Sie dieses Frame exakt über dem entsprechenden Teil der Audio-Wellenform platzieren, wird die Synchronisation einige Sekunden davor und danach ausreichend genau sein.

**Lipsync**

Bestimmt ist es Ihnen selbst in professionellen Videos schon einmal aufgefallen, dass die Lippenbewegungen des Sängers nicht ganz synchron zum Ton sind. Das liegt daran, dass Sie den Ton eines Objekts für den Anschluss an die vorausgehende Szene weitgehend Sample-genau verschieben müssen, das Bild aber nur Frame-weise hin und herschieben können. Solange der Ton mit dem Bild gruppiert ist, bewegt er sich auch nur Frame-Weise. Heben Sie die Gruppierung auf, um den Ton minimal gegen das Bild zu verschieben, haben Sie die Begründung für den späteren Versatz, denn das Auge erkennt bereits eine Verschiebung von weniger als einem Frame.

## Mischung im Schnittprogramm

Wie Sie es auch von Ihrem Audio-Sequencer gewohnt sind, können Sie beim Videoschnitt meist die oberen Anfasser an den Objektgrenzen für einen Fade-In und Fade-Out benutzen, und die Lautstärke des Audio-Objekts auf der Spur lässt sich mit dem mittleren Anfasser durch Verändern der Höhe einstellen.

Für den Lautstärke-Abgleich der einzelnen Spuren untereinander gibt es in der Regel auch ein Mischpult, das für jede Spur einen Kanal-Fader und meist auch noch weitere Einstellmöglichkeiten bietet. Gelingt es Ihnen nicht, mit diesen Möglichkeiten einen homogenen Ton zu mischen, weil die Sprache beispielsweise an manchen Stellen zu laut und an anderen zu leise ist, helfen Automationsfahrten, die wie bei Ihrer Audio-Software mit Gummiband-Hüllkurven funktionieren.

Haben Sie die Schnitt-Software auf Ihrem Studio-Rechner installiert, stehen Ihnen die dort installierten PlugIns auch im Mischer der Videoschnitt-Software zur Verfügung, sodass Sie auch Kompressoren und Equalizer benutzen können. Einige Schnittprogramme bringen aber auch schon eine Grundausstattung an Effekten mit. Können diese nicht nur in die Kanal-Inserts des Mischers, sondern selektiv auf jedes Objekt angewendet werden, lässt es sich besonders flexibel arbeiten. So müssen Sie nur in den wenigsten Fällen die Audiobearbeitung in Ihrem Recording-Programm vornehmen – und wenn dies doch einmal der Fall ist, können die meisten heutigen Audio-Programme zumeist auch eine Videospur wiedergeben, die Sie zur Orientierung importieren können.

## Musik

Im Video kann Musik verschiedene Funktionen haben. Wenn Sie als Musiker ein Video machen, wird es in den meisten Fällen der Vorstellung Ihrer Musik dienen, im weitesten Sinne also ein Musikvideo sein. Hierbei spielt die Musik zwar die größte Rolle, ist aber in der Regel schon fertig und muss nur angelegt werden.

Auf der DVD Ihrer Band kann aber auch noch andere Musik vorkommen, nämlich als Untermalung für Interviews oder einen kleinen Image-Film. Hier bietet es sich einerseits an, ebenfalls Musikstücke der Band zu nehmen, andererseits möchten manche Bands ihre Musik nicht als Untermalung degradieren, oder aber die Heavy-Metal-Band hat überhaupt kein eigenes Material für eine nachdenkliche, ruhige Szene beim Rückblick auf die ersten Jahre, als alles begann. Ist dies der Fall und entsprechende Musik gefragt, gilt es aufzupassen: Einfach ins CD-Regal zu greifen und etwas Passendes zu nehmen, scheitert an den Bestimmungen der Urheber- und Leistungsschutzrechte. Eine gute Idee hingegen ist es, in Archiven mit GEMA-freier Musik zu suchen. Hier zahlen Sie einmal für den Download des Titels, dürfen ihn dann aber auf Ihrer DVD nutzen. Wie immer ist es wichtig, sicherzustellen, dass die Lizenzvereinbarungen auch tatsächlich so formuliert sind.

## Sprache

Den Kameraton haben Sie bereits angelegt. Während er beim typischen Musikvideo meist nur zum Finden der genauen Position der Clips dient, enthält er bei filmtypischem Inhalt den O-Ton der Schauspieler, der Verwendung finden soll. An manchen Stellen ist er aber nicht wirklich gelungen, unverständlich oder durch Störgeräusche überlagert. Hier muss im Studio nochmal aufgenommen werden, dieser Vorgang wird ADR (Automatic Dialogue Replacement) genannt.

Dabei unterscheidet man zwischen On-Takes, bei denen die Schauspieler im Bild zu sehen sind und dabei sprechen, und Off-Takes, bei denen außerhalb des Bildes gesprochen wird. Letztere sind einfacher aufzunehmen, denn bei On-Takes muss der Schauspieler beim Sprechen auf einen Bildschirm schauen und dabei möglichst synchron sprechen. Die Sprachaufnahmen erfolgen möglichst trocken, also mit kleinem Mikrofonabstand. Klang und Raumeindruck am Set werden mit Equalizer und Hall-PlugIn nachgebildet.

Bei einem Video zur Vorstellung der Band kann auch ein Off-Sprecher als Kommentator eingesetzt werden. Da sich diese Aufnahme mit den Sprechern von TV-Dokumentationen und Werbesports messen lassen muss, sind Wahl des Sprechers und Aufnahmequalität besonders wichtig. Wer keinen professionellen Sprecher engagieren kann oder will, sollte seinen Freundes- und Bekanntenkreis nach der besten Stimme durchsuchen. Eine Aufnahme mit einem Großmembran-Mikrofon und nahem Abstand macht die Stimme warm, etwas Kompression dazu druckvoll.

## Geräusche

Im Video sollte man auffälligen Bildinhalt, der in der Natur mit Geräuschen verbunden ist, hören. Je nach persönlicher Vorliebe werden selbst in Musikvideos zumindest die zwei bis drei lautesten Geräusche vertont, andere Produktionen setzen eine Geräuschkulisse wie beim Kinofilm ein. Wird dies benötigt, müssen auch die Methoden wie beim Kinofilm angewandt werden.

Ideal ist es, schon vom Set möglichst viel aufgenommene Geräusche mitzubringen. Diese werden dann ergänzt durch Sounds aus der Library, wobei sich neben den reinen Tonaufnahmen auch immer mehr die großen Sampler-Librarys anbieten. Neben Reifenquietschen, Türschlagen und ähnlichen Einzelsounds sind auch jede Menge Ambience-Sounds erhältlich, vom Flughafen-Café bis zur sommerlichen Wiese mit Grillen. Konkurrenz bekommen die Libraries zunehmend von Geräusch-Synthesizern, die auf Basis von Samples und Physical Modeling maßgeschneiderte Geräuschkulissen zaubern. Erste Exemplare halten inzwischen sogar schon Einzug in die Schnittprogramme, Regen, Straßenverkehr und Stadion-Sounds klingen inzwischen schon erstaunlich realistisch.

Technische Geräusche können mithilfe des Originals nachvertont werden, beispielsweise der klingelnde Wecker oder das Anlassgeräusch eines Autos. Auch das Eingießen eines Glases Wein, das Tippen auf einer Computer-Tastatur oder das Bedienen eines Lichtschalters können Sie einfach aufnehmen und dann an der richtigen Position ans Bild anlegen.

## Foley

Für alles, das so nicht aufgenommen werden kann oder das nicht in der richtigen Form im Geräuscharchiv zu finden ist, ist auch heute noch der Geräuschemacher üblich. Im Jargon auch Foley genannt, ist die von ihm mit allerlei merkwürdigen Gegenständen und einigen Haushaltsutensilien erzeugte Geräuschspur beim großen Kino die beste Art, realistisch klingende Geräusche effizient aufzunehmen.

Versuchen Sie einmal, Regen aufzunehmen. Auch wenn es draußen wie aus Eimern gießt und die Aufnahme richtig gut zu werden verspricht, gestaltet sich das spätere Abhören enttäuschend: Mehr als ein Rauschen ist nicht zu hören. Werden Sie hier selbst zum Geräuschemacher: Füllen Sie eine Hand voll Trockenerbsen in ein Sieb und schütteln Sie dieses. Sie werden es nicht glauben. Auf diese Art und Weise gelangt man zu Geräuschaufnahmen, die realistischer klingen als die Aufnahme des Originals.

**Die Tricks des Geräuschemachers**

Pferdehufe im Western macht man mit Kokosnuss-Hälften, die auf einen in der Härte dem Original entsprechenden Untergrund aufgeschlagen werden. Für Schritte durch Schnee knetet man ein Päckchen Backpulver. Ein Donner entsteht durch Schütteln einer Blechplatte, das Nebelhorn des Schiffes am Hamburger Hafen durch Anblasen einer Bierflasche. Manchmal sind es die einfachen Ideen, die zum Ziel führen: Am Sound der Raumschiffe in Star Wars ist unter anderem ein Staubsauger beteiligt.

Die Qualität eines Geräuschemachers erkennt man übrigens an seinen Schritten. Überhaupt sind Schritte das häufigste Geräusch, für das er eingesetzt wird. Mit verschiedenen Schuhen auf verschiedenen Untergründen simuliert er alle Bewegungen der Schauspieler. Schritte im Freien werden dabei trocken aufgenommen, Schritte im Raum mit ein wenig zur Raumgröße passendem Hall. Auch kleinere Bewegungen der Schauspieler werden durch den Geräuschemacher unterstützt, und sei es nur, dass er ein wenig mit dem Ärmel an seinem Pullover reibt. Ein zünftige Schlägerei im Bierzelt vertont ein guter Geräuschemacher oft in nur einem Durchgang, indem er sich passend dazu auf Bauch, Wangen, Arme und Schenkel klatscht und dazu Atem- und Stöhn-Geräusche abgibt.

## Mischung

Haben Sie alle Audio-Bestandteile zusammen, ist die Feinabstimmung erforderlich, die mit dem Mixdown einer Musikproduktion vergleichbar ist. Beim Video geht es darum, die Bilder durch den Ton zur perfekten Illusion zu vervollständigen. Beim Musikvideo gibt es im einfachsten Fall nur die Musik an sich, bei anderen Videos sammeln sich aber teilweise sehr viele Tonspuren an: O-Töne, ADR, Ambience, Effektaufnahmen, Foley und die dramaturgisch eingesetzte Musik sind Spuren, die mindestens vorliegen. Falls noch nicht geschehen, sind die Objekte der Sprache enthaltenden Spuren auf gleiche Lautheit zu bringen. Das bedeutet, dass nicht nur der Pegel gleich sein soll, sondern auch die Dynamik, also die Unterschiede zwischen laut und leise.

Um das zu erreichen, arbeiten Sie selektiv auf jedem Objekt mit Dynamikkompression. Klang und Raumeindruck hatten Sie vorher schon bearbeitet, überprüfen es aber jetzt noch einmal im Zusammenhang.

Nun kommen die anderen Spuren dazu, mit denen Sie die Dynamik der gesamten Produktion bestimmen. Hier entscheiden Sie, wie laut Sie die Ambience einstellen, damit man diese wahrnimmt, sie aber nicht die Sprachverständlichkeit beeinflusst.

## Summenbearbeitung

Der letzte Arbeitsschritt für den Ton ist die Bearbeitung der fertigen Mischung. Bei der Musik eines Musikvideos ist das meist schon erfolgt. Für den Filmton ist es besser, alle Dynamikbearbeitung in den Einzelspuren vorzunehmen, sonst drückt der Dialog in ansonsten leisen Passagen durch Kompressor-Pumpen gern die Ambience weg. Minimale Summenkompression ist erlaubt, viel wichtiger ist aber ein gutes Limiting an den lautesten Pegelspitzen. Ist das soweit eingestellt, können auch hier die lautesten Passagen bis knapp unter die Vollaussteuerung gebracht werden. Produzieren Sie das Video nicht für eine DVD, können andere Aspekte zu berücksichtigen sein. Für das Web ist es oft sinnvoll, die Dynamik noch stärker zu komprimieren, für die Weitergabe an andere Studios gilt oft die Regel, dass Vollaussteuerung schon bei -9dB Fullscale definiert ist. Das sollten Sie dann einhalten, eine 0dB-Variante für sich aber dennoch gleich mit ausspielen.

Für die DVD bietet sich auch Surround-Ton an. Wenn Sie Ihre Abhöranlage bereits für Surround vorbereitet, das aber noch nie ausprobiert haben, sollten Sie es jetzt einmal versuchen. Schalten Sie den Mixer in den 5.1-Modus, erhält er statt der Panorama-Potis nun Surround-Panner. Wenn Sie die Signale dann nicht mehr nur nach links und rechts, sondern passend im Raum verteilen und dabei nicht übertreiben, gelangen Sie ohne Probleme zu Ihrem ersten Surround-Mix. Setzen Sie als Hallgerät oder -PlugIn ein Exemplar mit Surround-Ausgängen ein, gelingt der Eindruck besonders gut.

**Center und LFE**

Bei einer Surround-Mischung wird der Center-Kanal beim sogenannten L-C-R-Panning in die vordere Panorama-Aufteilung einbezogen. Dialog und Sprache werden über alle drei Kanäle verteilt. Dabei ist es wichtig, dass der Dialog nicht zu breit abgemischt wird, da das sichtbare Bild meist schmaler ist als die Basisbreite zwischen L und R. In letzter Zeit wird aber oft anders gemischt. Musik und Geräusche werden nur per L/R-Panning gemischt, bilden also wie beim herkömmlichen Zweikanal-Stereo eine Phantom-Mitte, wobei der Center-Kanal still bleibt. In diesen kommen dagegen alle Dialoge, sodass nur noch deren Raumeindruck in den linken und rechten Kanälen enthalten bleibt.

Der LFE-Kanal (Low Frequency Effects) dient als tieffrequenter Effektkanal mit 10 dB mehr Headroom. Die Bässe der Musik haben dort nichts zu suchen, vielmehr gehören die tieffrequenten Anteile lauter Explosionen und ähnliche Signale hier hinein. Arbeitet die Wiedergabe-Anlage nicht mit Fullrange-Lautsprechern in den Hauptkanälen, sorgt sie nämlich selbst für die Zweitverwendung des LFE-Lautsprechers als Subwoofer. Ein guter Mix berücksichtigt aber auch, dass der Anwender seine Lautsprecher falsch angeschlossen haben könnte. Daher ist es sinnvoll, einen Anteil des LFE-Signals auch in die Hauptkanäle zu mischen. Fehlt beim Hörer der Subwoofer, bliebe es ansonsten still, wenn im Dschungelbuch die Elefanten ins Bild kommen.

# 18. Die Übergabe des Audiomaterials

lAuf dem Weg zum Hit ist man nie alleine, denn die richtige Musik ist eine absolut notwendige, aber leider für sich allein nicht ausreichende Voraussetzung. Um zum Hit zu werden, muss die Produktion auch entsprechend vermarktet werden. Das dürfte dem Hobby-Musiker allein in den allerwenigsten Fällen gelingen, sodass zwei Erkenntnisse als sehr wichtige Grundsätze gelten. Erstens wird man für einen Hit zwangsweise mit anderen zusammen arbeiten müssen und sollte sein Vorgehen von Anfang an darauf ausrichten. Selber ans Mastering zu denken, gehört daher ganz bestimmt nicht zum sinnvollen Vorgehen, denn dabei wird die als Partner benötigte Plattenfirma später ohnehin mitreden wollen. Und zweitens wird man, wenn man nichts aus der Hand geben will, höchst wahrscheinlich keinen Welthit landen und sollte diese Tatsache dann ebenfalls von Anfang an berücksichtigen. Denn mit dem Tourverkauf seiner eigenen CDs und einem immer größer erschlossenem Auftritts-Gebiet kann man ebenfalls ziemlich weit kommen.

## Gemeinsam wird es stark

Selbst, wenn es nur um den Tourverkauf geht, ist „Abgeben“ das Zauberwort. Und sei es nur von Band-Kollege zu Band-Kollege, weil beispielsweise der Sänger einfach besser aufnimmt, der Keyboarder aber besser mischt. Auch unter erfahrenen Musiker werden jetzt jedoch einige die Hände über dem Kopf zusammenschlagen, denn nach weit verbreiteter Meinung klappt solch ein Unterfangen selten. Selbst, wenn man es schafft, sich auf eine Plattform zu einigen und nicht auch noch zwischen Cubase und Logic transferieren zu müssen, ist die Ausstattung mit Plugins nie kompatibel und der begonnene Mix klingt beim Kollegen daher garantiert anders. Wenn Sie auch dieser Meinung sein sollten, hilft Ihnen die folgende Anleitung.

# Spuren abgeben zum Mischen

Schon beim Aufnehmen haben Sie entscheiden müssen, was Sie mit aufnehmen und was nicht. Eine leichte Kompression für den Gesang, um vor Übersteuerungen zu schützen, ist beispielsweise sinnvoll. Den Equalizer zur Unterdrückung ausgeprägter Formanten können Sie jedoch besser im Mix einstellen, weshalb Sie ihn nicht mit aufgenommen haben. Ähnlich gehen Sie vor, wenn Sie Ihr Projekt zum Mischen abgeben wollen. Überlegen Sie sich, welche in Ihrem Rough-Mix eingestellten Effekte so wichtig sind, dass sie den Klang einer Spur maßgeblich prägen. Alle, die nicht dazu gehören, schalten Sie schon mal aus. Und diejenigen Spuren, die jetzt noch über eingeschaltete Effekte verfügen, bouncen sie auf eine weitere Audiospur. Danach schalten Sie auf der Quell-Spur ebenfalls die Effekte aus. Bei sämtlichen MIDI-Spuren nehmen Sie das Ausgangssignal des Klangerzeugers, sei er nun virtuell oder externe Hardware, auch auf eine Audiospur auf und schalten dann die MIDI-Spur stumm. Auf diese Art und Weise liegen jetzt alle Spuren ausschließlich als Audiospuren vor. Die wichtigen Effekte sind ebenfalls noch vorhanden, wobei das unbearbeitete Signal ebenfalls noch auf einer Audiospur verfügbar ist.

Nun setzen Sie den linken Locator auf den Anfang eines Taktes, der sich vor dem Song-Start befindet. Den rechten Locator setzen Sie an eine Stelle nach dem Song-Ende. Und je nach eingesetzer Software und deren Einstellung kann es wichtig sein, mit dem Abspiel-Cursor zum linken Locator zu springen. Jetzt bouncen Sie nach und nach jede einzelne Spur in eine WAV- oder AIF-Datei. Je nach Software geht das unterschiedlich, in jedem Fall können Sie aber jeweils alle anderen Spuren stumm schalten und dann den ganzen Mix bouncen.

Durchläuft Ihr Signal beim Bouncing den Software-Mischer Ihrer Recording-Software, sollten Sie den Kanalfader der jeweils zu bouncenden Spur auf die Position 0 dB stellen. Dann beeinflusst er den Pegel Ihrer Audiospur nämlich nicht. Und vorausgesetzt, dass Sie die Spur bei der Aufnahme richtig gepegelt haben, kommt sie damit auch richtig gepegelt zur Ausspielung. Gibt es hier Defizite, können Sie diese jetzt noch ausgleichen.

Wenn Sie mit allen Spuren fertig sind, notieren Sie sich unbedingt noch das Song-Tempo sowie bei eventuellen Tempowechseln deren Taktposition und das jeweils neue Tempo. Damit sind Sie fertig und haben unabhängige Übergabe-Daten für jede Plattform hergestellt.

**Ausspielen mit Insert- und Aux-Effekten**

Beim Ausspielen Ihrer Spuren ist es sinnvoll, zwischen den verschiedenen Effekt-Arten zu unterscheiden. Denn während Sie Insert-Effekte einfach mit auf eine neue Audiospur aufnehmen, sollten Sie bei Aux-Effekten anders vorgehen. Lassen Sie die Spur mit Ihrem Quell-Signal unverändert und nehmen Sie nur das Return-Signal allein auf eine weitere Spur auf. Bei Stereo-Effekten sollte das selbstverständlich eine Stereo-Spur sein. Auf diese Weise ist es beim späteren Mixdown sogar möglich, durch den Pegel der Effekt-Spur den Effektanteil einzustellen. Mögen Sie also beispielsweise einen ganz bestimmten Hall auf Ihrem Gesang und sind sich nicht sicher, ob das Misch-Studio den auch hat, so spielen Sie ihn einfach mit aus. Erweist sich der Hall des Studios als besser, müssen Sie Ihre Spur ja nicht benutzen.

## Mischung angelieferter Spuren

Wenn Ihr Part darin besteht, den Mix anzufertigen, bekommen Sie Spuren angeliefert, die wie oben beschrieben ausgespielt wurden. Kopieren Sie die Dateien zunächst alle in ein neues Verzeichnis Ihrer Festplatte. Dann erstellen Sie einen neuen Song in Ihrer Audio-Software, wobei es vollkommen unerheblich ist, ob Sie mit Mac oder PC arbeiten oder ob Sie Cubase, Logic, Samplitude oder was auch immer installiert haben. Stellen Sie einfach das vorgegebene Tempo ein und importieren Sie dann Datei für Datei jeweils auf eine eigene, neue Audiospur. Schieben Sie die entstehenden Objekte so auf der Zeitachse zurecht, dass Sie alle an derselben Position beginnen, und zwar exakt auf dem Beginn eines Taktes im Zeitraster.

Ordnen Sie die Spuren in der für Sie gewohnten Form an, also zum Beispiel alle Drum-Instrumente auf die ersten Spuren, dann den Bass oder wie auch immer Sie für gewöhnlich arbeiten. Lassen Sie den Song nun testweise laufen, indem Sie zunächst alle Spuren stumm schalten und dann nach und nach die Mute-Taster öffnen. So bekommen Sie ein Gefühl, ob auch wirklich alles passt. Manchmal hat der auspielende Engineer aus Versehen eine einzige Spur einmal nicht von der Nullposition an ausgespielt. Dies können Sie jetzt korrigieren. Wenn alles passt, sollten Sie als nächstes Ihr Projekt „sauberschneiden“. Das bedeutet, dass Sie auf jeder Spur alle Teile der Objekte entfernen, die nur Stille enthalten. Sie erhalten dadurch gleich drei Vorteile.

Erstens verbessert sich das Rauschverhalten Ihres Songs, zweitens schonen Sie Ressourcen und drittens erhöhen Sie ganz nebenbei die Übersichtlichkeit in der grafischen Darstellung, weil Sie nun auf einen Blick die verschiedenen Songteile erkennen.

So vorbereitet, beginnen Sie nun mit der Mischarbeit ganz so, als hätten Sie die Spuren auf Ihrer Workstation aufgenommen.

## Synchronisation

Wer nun verständnislos vor diesen Zeilen sitzt und sich fragt, warum noch immer kein Wort über Synchronisation gefallen ist: Bei der beschriebenen Methode brauchen Sie sich darüber tatsächlich keinerlei Gedanken zu machen! Alle Spuren werden mit derselben Clock, nämlich der des ausspielenden Computers, abgespielt. Damit laufen sie zwangsweise synchron, selbst wenn die Zeitbasis keine akkurate Grundfrequenz aufweist und nicht sonderlich stabil ist.

Auf dem Computer, auf den Sie die Spuren importieren, ergibt sich das gleiche Bild: Auch hier laufen die Spuren alle mit derselben Taktfrequenz, bleiben also aufs Sample genau synchron. Das einzige, das Ihnen passieren kann, ist eine Abweichung der absoluten Werte der Abtastraten. Bei einer eingestellten Sampling-Frequenz von 44,1 Kilohertz läuft beispielsweise der ausspielende Rechner mit 44097 Hertz und der Mix-Rechner mit 44105 Hertz. Dies hat zu Folge, dass Ihr Song auf dem Mix-Rechner minimal schneller läuft und auch die Tonhöhe minimal angehoben sein wird. Jedoch sind die Abweichungen moderner Quarz-Zeitbasen derart gering, dass die Tonhöhen und Geschwindigkeits-Unterschiede nicht hörbar sind. Nur, wenn Sie zwei Rechner parallel betreiben, die Spuren auf beide aufteilen und die Abtastraten nicht synchronisiert haben, können bei sehr langen Songs gegen Ende Zeitversätze oder zumindest Kammfilter-Effekte auftreten. Sollten Sie jemals in diese Situation kommen, müssen Sie aber noch immer nicht zwangsweise synchronisieren, sondern Abhilfe schafft auch das Zerschneiden aller Spuren in Abschnitte zu zwei oder vier Takten. Dann nämlich wird jedes Objekt immer neu angetriggert und läuft nur über eine recht kurze Zeitdauer frei.

## Mastering

Ob Sie Ihr Mastering selber machen oder abgeben, hatten Sie schon im entsprechenden Kapitel dieses Buches entschieden? Nicht ganz, denn für Mischkopplungen wie beispielsweise den aktuellen Mallorca-Sampler oder auch für Veröffentlichungen bei Major-Firmen bleibt Ihnen häufig gar nichts anderes übrig, als Ihren fertig abgemischten Song an ein Mastering-Studio abzugeben. Gelangen Sie dabei an ein gutes Studio dieses Genres, ist das auch ganz sicher kein schlechter Weg.

Um nun dem Mastering Engineer auch die Chance zu geben, Ihren Mix laut und druckvoll zu machen und seine sündhaft teuren Kompressoren oder gar den Sound der Bandsättigung auf einer Zweizoll-Analogmaschine einzusetzen, muss er einen Summen-Mix erhalten, bei dem es auch noch etwas zu komprimieren gibt. Fahren Sie den Pegel mit Ihrem Ultramaximizer-Plugin oder Hardware-Brickwall-Limiter schon voll gegen die Wand, lässt sich da nicht mehr viel machen. Es gilt also die Grundregel: Was Sie zum sinnvollen Mischen brauchen, setzen Sie ein, spezielle Schritte zum nachträglichen „Lautmachen“ lassen Sie aber bitte weg.

Haben Sie Angst, dass der Gesang nachher zu laut oder zu leise wird, oder dass die Bassdrum nicht mehr so richtig drückt, liefern Sie zusätzlich zu Ihrem Zweispur-Mixdown noch einmal sogenannte Stems an. Hier schalten Sie beispielsweise alle Vocal-Spuren und die Bassdrum stumm, spielen den Song aus und liefern den Submix der Vocals sowie die Bassdrum-Spur mit. Sollte der Mastering Engineer nun feststellen, dass sich ein Problem ergibt, so kann er beispielsweise den Gesang anders pegeln und die Bassdrum nicht mit durch die Summenkompression leiten.

## Der Weg der Daten

Wenn Sie keinen schnellen Internet-Zugang haben, brennen Sie die abzugebenden Dateien doch einfach auf eine oder mehrere beschreibbare CDs oder DVDs. Bitte achten Sie im Falle der CD darauf, dass Sie auch wirklich eine Daten-CD mit ihren Dateien brennen und Ihr Brennprogramm nicht automatisch eine Audio-CD daraus macht.

Genau umgekehrt verhält es sich, wenn Sie ein Premaster verschicken. Hier besteht ein wesentlicher Aspekt ja genau darin, die PQ-Daten der Audio-CD zu erzeugen. Daher ist ein auf CD-R gebranntes Premaster immer auch

**Datenformat**

Zur Übergabe von Einzelspuren bietet es sich an, hochauflösende Dateien mit 24 oder gar 32 Bit abzuspeichern. Dies gilt besonders für vollständig synthetisch erzeugte Spuren wie beispielsweise den aufgenommen Ausgangssignalen der virtuellen Synthesizer bei MIDI-Spuren, die kein zusätzliches Rauschen einer Mikrofon-Aufnahme beinhalten.

Der Grund liegt auf der Hand: Während das CD-Format mit seinen 16 Bit für die fertige, meist stark komprimierte Produktion problemlos ausreicht, liegen auf den Einzelspuren sehr dynamische Signale vor, die beim Mischen fast alle noch komprimiert werden. Hier wird das Rauschen aus den niederwertigeren Bits angehoben und dann beim Mischen mit dem der anderen Kanäle kumuliert. Unkorreliertes Rauschen steigt um 3 Dezibel bei jeder Verdopplung der Kanalzahl an, korreliertes sogar um 6 Dezibel. Da können Sie sich vorstellen, was da bei den heute vielfach üblichen, hohen Kanalzahlen herauskommen kann.

selbst als Audio-CD lesbar. Egal, ob Sie das Premaster mit einer Mastering-Software selber gemacht haben oder den angelieferten Datenträger eines Mastering-Studios zum Presswerk senden: Möchten Sie ihn vorher kopieren, dann stellen Sie unbedingt sicher, dass wirklich nur 1:1 die Daten kopiert werden. Viele Kopierprogramme lesen nämlich Track-weise aus und stellen die Kopie dann neu aus Einzeltracks zusammen – das wäre fatal!

Möchten Sie die Dateien online übertragen, so vermeiden Sie unbedingt den Versand als Email-Attachment. International tätige Mitarbeiter der Musikindustrie haben ein Problem, wenn sie kurz vor dem Abflug in die USA noch schnell die Mails am Flughafen-Hotspot checken wollen und dann die 15 Songs Ihres neuen Albums mit je 40 MB Dateigröße im Posteingang vorfinden – heutzutage womöglich auch noch auf dem Mobiltelefon!

Der Richtige Weg ist ein Link zum Download. Haben Sie keinen eigenen Server oder Webspace-Vertrag, so können Sie auch eine der vielen Download-Plattformen wie beispielsweise „Dropbox“ nehmen. So kann Ihr Gegenüber den Download dann starten, wenn er genug Bandbreite und ein Medium zur Hand hat, auf das Ihre Dateien gespeichert werden sollen.